林下小拱棚搭建

小拱棚覆膜

林下中型拱棚

菌棒常压灭菌

移动接种帐

菌棒接种

棚内发菌

检查发菌情况

香菇菌棒转色

香菇菌棒开袋

香菇菌棒注水

香菇成熟

鸡腿菇越冬管理

成熟鸡腿菇

广温平菇

高温平菇

双孢菇

白灵菇

杏鲍菇

猴头菇

毛木耳

榆　耳

速生杨林下食用菌生产技术

主　编
王恭祎

副主编
梅仕能

编著者
王俊山　刘晓杰　武惠肖
李树卿　姜　磊　姚国胜
马志波　于桂凤　邵维仙
杨金库　安健强　王继良

金盾出版社

内 容 提 要

本书由河北省廊坊市农林科学院王恭祎研究员主编。内容包括：林下栽培食用菌的理念和条件，食用菌原种的制作、选育和保存，食用菌栽培种及菌棒工厂化生产技术，食用菌林下栽培技术，林下食用菌自动化微喷控制技术，食用菌病虫害的绿色防治技术，食用菌的保鲜与加工等7章。本书从市场需求出发，以解决生产难题为出发点，遵循“深入浅出、通俗易懂、提质增效”的指导思想，根据相关理论，结合实例、照片、图表等，对生产技术和实践经验做了全面介绍，较好地体现了科学性、实用性和可操作性。可供广大菇农、农林业科技人员、农业院校师生和农村工作者阅读与应用。

图书在版编目(CIP)数据

速生杨林下食用菌生产技术/王恭祎主编. -- 北京 : 金盾出版社，2010.10

ISBN 978-7-5082-6585-8

Ⅰ.①速… Ⅱ.①王… Ⅲ.①食用菌类—蔬菜园艺 Ⅳ.①S646

中国版本图书馆 CIP 数据核字(2010)第 161218 号

金盾出版社出版、总发行

北京太平路5号(地铁万寿路站往南)

邮政编码：100036 电话：68214039 83219215

传真：68276683 网址：www.jdcbs.cn

封面印刷：北京蓝迪彩色印务有限公司

彩页正文印刷：北京金盾印刷厂

装订：永胜装订厂

各地新华书店经销

开本：850×1168 1/32 印张：8 彩页：8 字数：185千字

2010年10月第1版第1次印刷

印数：1～10 000 册 定价：14.00 元

前　言

食用菌是供人类食用的大型真菌，是四季可食的美味佳肴，含人体必需的氨基酸、蛋白质、脂类、多糖类、维生素、食用纤维以及钙、磷、铁、钴、硒、镁等矿物质。集美味、营养、药用于一体，药食兼用。美国人将它称为“上帝的食品”，日本人称其为“植物食品的顶峰”，在中国自古就有“素中之荤”、“蔬菜之王”的美称。

我国对食用菌生产非常重视，年总产量居世界之首，在国内农产品粮、棉、油、果、菜年总产值中排第六位。食用菌的营养保健功能，不仅表现在对人体营养元素不足的补充，还体现在维护人体整体功能平衡、调动机体内部活力、调节新陈代谢和提高免疫力等方面。因此，人们对“延年益寿”的“食用佳品”——食用菌的消费意识日趋加强，需求量急剧增长，食用菌产业蒸蒸日上。

我国食用菌生产从20世纪80年代开始至今已有30年的历史，但发展缓慢。由于市场信息不通、销售效益不高及技术不过关等原因，有些地方生产规模缩小，以供应栽培种为主，兼搞部分栽培；有些地方停产。此外，生产食用菌需要投入较多资金用于栽培设施(温室或大棚)。尤其在炎热的夏季，棚(室)内温度过高，不易调节。除草菇高温菌种可以生产外，多数食用菌不宜栽培。因此，夏季食用菌产品短缺，市场不稳定。调温设施投入太大、投入产出比小，严重影响了食用菌生产的普及推广。

食用菌没有叶绿体，不能进行光合作用，但需要适宜的温度、水分、空气湿度、氧气和散射光，并放出大量二氧化碳；树木生长关键因素是叶片的光合作用强弱，而影响光合作用的重要因素是光强和二氧化碳浓度。林下栽培食用菌放出二氧化碳，使林木光合作用增强，增大了氧气释放量，又利于食用菌的生长，二者相得益彰。根据食用菌和林木的生长特性，结合林地资源的开发利用，河北省廊坊市农林科学院科技人员立题“林下栽培食用菌”，开展试验研究，并于2005年通过成果鉴定。

从林下环境因子变化规律入手，对林下不同季节光照强度变化、不同季节气温日变化、林下栽培食用菌对空气湿度影响、培养食用菌的林分选择、林下食用菌发育规律和林下适宜菌种筛选和栽培等关键技术进行研究，确定了林分郁闭度达0.8以上的片林适宜栽培食用菌。

在试验、生产、示范和推广过程中，依据食用菌的生物学特性和生长特性，以农作物秸秆、农产品下脚料等为原料，试验筛选优良配方。筛选出成本低、适合多菌培养、原料易得和产菌量高的食用菌营养基质配方；在栽培种（俗称菌棒）培养与生产中研究出适合工厂化生产的配套技术。改变了原来灶式灭菌时间长、容量小、劳动强度大等劣势，创造了高温（出口温度250℃）常压蒸汽灭菌，容量大、操作方便、劳动强度低、灭菌质量好、时间短、周转快，降低成本80%；改变了原来要求苛刻的接种条件，在大棚内无菌条件下半开放接种；安装流动式接种帐（封闭可移动），接种速度快、数量大、操作简便，成品率达95%以上，适于工厂化生产；改菌棒接种后套袋发菌为整体覆膜发菌培养模式，省工、省力；研制出配料、拌料、装袋相衔接的机械化生产模式。

在林下食用菌栽培中，试验筛选出适宜我国北方林下生长的食用菌种类，并提出了几种周年化生产的茬口衔接模式和栽培配套技术；为控制林下食用菌生产过程中的主限因子——温、湿度，研制出自动化节水微喷系统，按时、按需（量）自动供水，精确化管理，节省人力，节约水资源，保障了产品的产量和品质，提高了总体效益。

实践证明，林下栽培食用菌，1年可以种植2～3茬，每667平方米（1亩）年收入1.34万～1.84万元。几年来，该技术已推广到全国5省、直辖市的18个县(市),面积达0.27万公顷,成为部分地方农村产业结构调整的主打产业。全国人工林面积5 364.99万公顷(平原占1 900万公顷),67.85%为中幼林,林木郁闭度达到0.8以上,不适宜林农间作,为林下栽培食用菌创造了发展空间。

林下栽培食用菌开展时间不长,处于初级阶段。为了使广大农户对栽培技术有个系统性和连贯性的掌握,我们撰写了《速生杨林下食用菌生产技术》一书。此书的关注焦点是林下栽培食用菌的条件(时间、地势、水源、交通、规模和简易设施)、食用菌种类、栽培时间、栽培方法和管理以及菇体采收后管理等关键技术措施。

撰写《速生杨林下食用菌生产技术》一书,本着"从市场需求出发,解决生产难题,深入浅出、通俗易懂、提质增效"的指导思想,利用相关理论,阐述实践经验,结合实例、照片、图表等进行表述,体现科学性、实用性、可读性。

撰写《速生杨林下食用菌生产技术》一书的目的是为了推动食用菌产业的发展,服务"三农"。希望本书的出版能够为林下栽培食用菌起到推波助澜的作用。本书可供农林业科技人员、农业院校师生、农村工作者和广大农民阅读与应用。我们努力使本书达到"一看就懂、一学就会、一用就成"的水平。但因开展这项工作时间较短、经验少,难免存在一些不足甚至错误,敬请广大读者和专家批评指正。

王恭祎

2010年6月

目　录

第一章　林下栽培食用菌的理念和条件

20世纪培育食用菌采用菇房、温室或塑料暖棚，人、财、物投入高。室内生产实现温、湿度达标，二氧化碳排出和氧气供给又有很大困难，夏季更难控制，易造成菌烂菇死，使市场上鲜菇断档。21世纪开始，河北省廊坊市农林科学院开展了林下栽培食用菌试验、示范与推广，取得了社会、经济和生态效益的和谐发展。

第一节　食用菌生长发育的生态条件

食用菌与其他生物一样，生长发育中需要新陈代谢，要求足够的营养物质和适宜的生态环境。营养物质包括碳、氮、矿物质和生长素等（详见第三章菌棒制作）。影响食用菌生长的生态条件很多，主要是温度、湿度与水分、光照、空气和生物因子等。

一、温　度

食用菌因品种和不同生育阶段对温度要求各不相同，担孢子和菌丝体生长适宜温度为20℃～30℃。食用菌子实体分化和形成又因品种各异，低温型适宜温度15℃～20℃、最高不超过24℃，如低温香菇、平菇、金针菇、双孢菇、猴头菇；中温型适宜温度20℃～24℃、最高不超过30℃，如黑木耳、黄背木耳；高温型适宜温度30℃～32℃、最高不超过35℃，如草菇。

二、湿度与水分

水是食用菌生长中不可缺少的成分，菇体内含水分90%。营养物质溶于水才能被食用菌吸收，代谢废物溶于水才能被排出，菌丝中分泌的各种酶只能溶于水才能分解纤维素和蛋白质。培养料中含水量直接影响菌丝体发育和子实体生长。因菌种不同所需含水量亦不同。如猴头菇、金针菇、黑木耳、香菇在菌丝体阶段要求含水量55%～60%，形成菇后要求含水量60%～70%；草菇要求含水量高为70%～85%。所以，培育中应随时关注菌棒的含水量，不足时及时补水。

培育食用菌对空气相对湿度要求也比较严格。空气干燥培养料中水分散发快，影响菌丝发育和子实体形成；空气湿度过大，培养料内所含水分虽散发慢，也不利于食用菌生长，并容易引起杂菌感染和病害发生。为此，在培育食用菌小环境中的空气相对湿度应保持在70%～90%。

三、光　照

食用菌对光照的要求，因发育阶段不同而异。菌丝体不需光照，要求较暗环境，否则抑制生长。转入生殖生长阶段需要一定散射光，俗话说“三分阳、七分阴”。光照不足，影响出菇质量和数量、甚至出现畸形菇。但也不能有直射光，否则容易菇干而死。

四、空　气

食用菌是一种好气性真菌，菌丝和子实体均要不断吸入氧气、呼出二氧化碳。假如二氧化碳浓度过大，抑制菌丝和子实体生长。甚至造成菌丝萎缩，小菇死亡。所以，培育食用菌的小环境中必须创造低浓度二氧化碳和高含氧量的条件。

五、生物因子

食用菌生长发育的环境，也适宜其他生物活动。如致病的真菌、细菌、线虫和为害食用菌的菌螨、菇蝇、菇蚊、跳虫和蛞蝓等，都有可能发生与猖獗。所以，在培育食用菌过程中应随时注意防治病虫害。

第二节　林下生态条件的观测

在了解食用菌生物学特性的基础上，再看看林下能否创造出适宜食用菌生长发育的生态条件。为此，从 4 月 2 日开始，每隔 15 天进行 1 次林下环境因子变化观测（采用常规小气候测定系统）。测定项目为光照强度、空气相对湿度、气温和地温。

一、不同季节林下气温与地温的日变化

为了解林内外温度的差异，在株行距 4 米×4 米、4 年生廊坊杨林（郁闭度 0.8）内外，对春、夏两季的气温与地温进行日测定。测定结果见表 1-1。

表 1-1　不同季节林下温度日变化　（℃）

时间	春季（4 月初）				夏季（7 月）			
	林内气温	林外气温	林内地温	林外地温	林内气温	林外气温	林内地温	林外地温
7 时	10.5	10.9	15.0	15.0	26.7	27.1	21.1	29.9
8 时	13.6	13.9	18.5	19.4	25.8	27.2	21.2	62.3
9 时	17.1	17.8	28.3	29.1	27.4	29.4	23.5	39.2
10 时	21.2	21.9	31.1	32.1	30.0	32.6	26.4	41.0
11 时	24.1	24.7	35.2	38.7	32.4	33.1	29.6	45.7
12 时	24.5	24.9	37.1	42.1	30.8	34.4	32.2	51.0
13 时	24.1	24.9	28.9	43.2	31.7	33.8	30.5	56.5
14 时	24.2	24.8	28.1	42.2	30.4	33.7	31.6	52.0
15 时	24.4	24.7	27.6	38.4	31.0	33.0	31.0	49.0
16 时	24.1	24.4	25.2	37.1	27.5	33.2	28.0	42.0
17 时	24.2	24.3	21.1	26.5	27.6	32.3	28.0	36.6
18 时	23.8	23.6	17.8	20.1	26.1	31.4	28.0	32.0
合计	255.8	260.8	313.9	383.9	347.4	381.2	331.1	507.2
平均	21.3	21.7	26.2	32.0	28.9	31.8	27.6	42.3

从表 1-1 看出，春季树叶小林内外气温变化不大，但地温午后出现较大差异；夏季林内外气温差异增大，地温从早到晚均出现差异、高差达 26℃、日均差 14.7℃。气温虽有变化，比较平稳，为栽培食用菌创造了有利条件。只要略加措施，完全能满足食用菌生长发育的需求。

二、林下栽培食用菌对空气相对湿度的影响

空气湿度与温度密切相关。为了验证林下能否创造为食用菌生长发育所需的湿度，分别在有食用菌栽培的林分和无栽培林分做了日变化的观测。其结果见图 1-1。

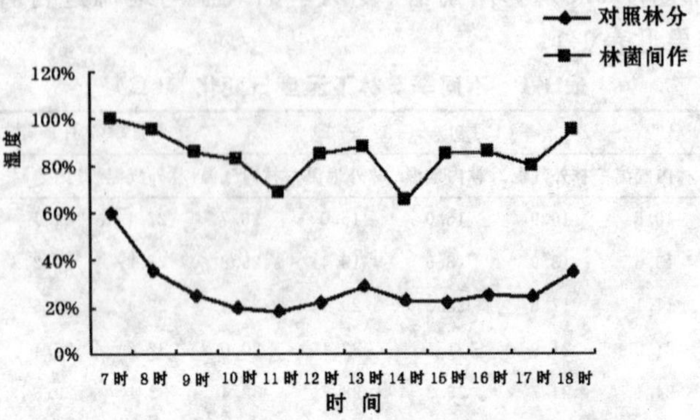

图 1-1 食用菌栽培对林分空气相对湿度的影响

图中显示，夏季在培育食用菌林分空气相对湿度变化大、在 56%～100%，绝大部分在 80%～90%；而无菌林分空气相对湿度为 20%～60%，绝大部分为 30%左右。这说明，通过一些培育食用菌措施，林下的空气湿度能满足食用菌生长发育需要。并证明食用菌能耐受短时间的高湿。

三、林下光照强度对食用菌生长发育的影响

测定结果说明，林内外的光照强度变化趋势基本相同。春季与秋季林内光强比对照(林外)差别小，而夏季相当明显。详见表1-2。

表 1-2　春、夏、秋季林内外的光照强度变化趋势

(测定时间：2002)

季　节	光照强度[千勒(克斯)]													日平均光照强度[千勒(克斯)]
	6时	7时	8时	9时	10时	11时	12时	13时	14时	15时	16时	17时	18时	
春季林内	4.0	4.2	13.2	20.4	49.1	67.6	67.9	66.9	66.3	50.4	29.3	17.9	3.8	35.46
林外	4.1	6.5	27.8	52.6	65.8	79.1	78.1	79.0	67.6	50.9	29.6	18.1	3.9	43.31
夏季林内	2.9	3.2	4.6	5.8	5.9	13.6	12.1	5.6	4.3	4.2	4.0	3.4	2.4	5.54
林外	3.6	10.1	21.6	32.6	39.7	51.9	52.8	52.6	52.9	39.8	29.9	20.4	11.9	32.29
秋季林内	0.1	2.6	9.2	13.1	21.9	27.8	27.9	27.9	26.8	12.6	9.6	5.4	0.1	14.23
林外	0.1	2.9	9.9	21.3	31.4	34.6	43.8	42.3	34.1	22.3	11.1	8.4	0.1	20.17

上表显示，春、夏、秋三季林下的日均光强为 35.46 千勒(克斯)、5.54 千勒(克斯)和 14.23 千勒(克斯)，而林外的日均光强为 43.31 千勒(克斯)、32.29 千勒(克斯)和 20.17 千勒(克斯)。说明，夏季林内外光强差距大，林内仅为林外的 17.16%。这个光照强度下的散射光，比较适宜食用菌生长，也符合"三分阳、七分阴"的要求。

四、林木与林下栽培食用菌相互促进效应的测定

林木生长的关键因素是叶片的光合作用强弱，而影响光合的重要因素是光强和二氧化碳浓度。为了验证林下栽培食用菌对林木生长的影响，做了光合特性测定。测试点在林木郁闭度 0.8 的廊坊杨与食用菌间作地，通过固定光照强度，设置不同二氧化碳浓

度梯度。廊坊杨光合作用的二氧化碳响应曲线,见图 1-2。

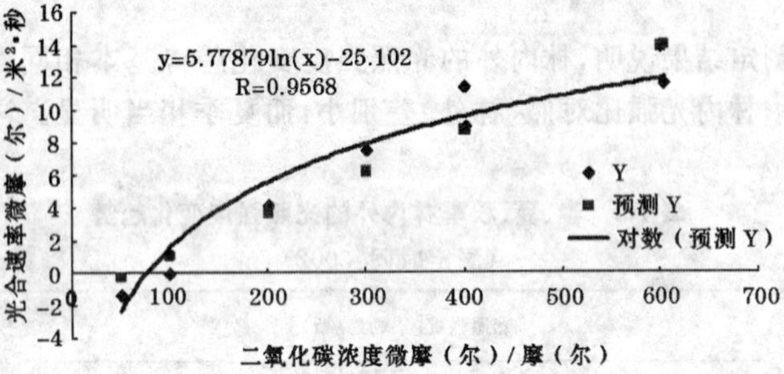

图 1-2　廊坊杨光合作用的二氧化碳响应曲线

图中显示,廊坊杨光合作用二氧化碳响应方程为:$y=5.7879\ln(x)-25.102$,相关系数为 0.9568,通过该方程得出二氧化碳补偿点为:76.476 微摩(尔)/摩(尔)。说明廊坊杨的光合作用受二氧化碳影响非常显著。

为了解二氧化碳浓度对林木光合速率的影响,用光合仪对培养食用菌林分和无菌林分中二氧化碳浓度进行测定发现,培养食用菌的林分内二氧化碳浓度维持在 386～389 微摩(尔)/摩(尔),无培养食用菌林分内二氧化碳浓度维持在 360～369 微摩(尔)/摩(尔),相差浓度 20 微摩(尔)/摩(尔)左右。中午 11 时前后,在固定光照强度下,林菌复合栽培的林分平均光合速率为 9.3 微摩(尔)/米^2·秒,而无菌林分平均光合速率为 8.9 微摩(尔)/米^2·秒。经方差分析,两者光合作用差异达到 0.001($p=0.000584$)的显著程度。说明林木吸收了食用菌排放的充足二氧化碳,提高了林木的光合速率,促进了林木的生长,还增加了氧气释放。食用菌有了充足的氧气,并有适宜的生态环境,使林木与食用菌互惠互利、同生共长。经试验,黄背木耳在林下栽培的产量是棚室产量的 1.5 倍以上,说明林下能够创造出气温平稳、湿度适宜、散射光适中、气候凉爽的小生境,能生产出优质高产的菌类食品。

第三节　林下栽培食用菌的条件

林下栽培食用菌适宜树种的依据是食用菌在出菇阶段需要一定强度的散射光，凡是能遮住强光的阔叶树或果树均可。本书主要以杨树人工林为主，发展速生杨林下栽培食用菌，其他树种不做介绍。杨树人工林的林木株行距以 4 米×4 米为好、3 米×5 米亦可，但最终要求郁闭度以 0.8 为宜。

一、适宜开展食用菌栽培的地点

选择开展林下栽培食用菌地点的原则，是交通方便、水源充足、地势平坦、规模连片。栽培食用菌需要一定的水，要选择有水源的地方。生产规模要大并连成片，只有成批量的产品才能招商，并逐步构建成食用菌集散地。

二、适宜林下栽培的食用菌种类

适宜林下栽培食用菌的种类有平菇、香菇、草菇、鸡腿菇、双孢菇、大肥菇、金针菇、茶树菇、白灵菇、杏鲍菇、猴头菇、灰树花、毛木耳、黑木耳、榆耳、榛子蘑、褐色大肥菇、灵芝、杨树菇等。

三、林下栽培食用菌的简易设施

为了更好地控制林下栽培食用菌所需的温、湿度，在栽培前搭建简易小拱棚。因林分株行距不同，其规格也不同。在株行距为 4 米×4 米的林分内，小拱棚搭建过程如下。

（一）林下栽培食用菌的供水系统

每 10～13 公顷建 1 眼井（深 120 米），以及井房、泵和过滤装置。

(二)林下栽培食用菌的管道系统

主管道、分流阀门、分管道、细管道(拱棚内喷雾用)和控制阀门。

(三)林下栽培食用菌的喷雾系统

水从主管道引至各拱棚前的分管道,再引至拱棚内细管道。细管道沿着并系在小拱棚顶部的10号铅丝上,每隔1.2米安装一套微喷系统(轻雾6件套,市场有售)。

(四)林下栽培食用菌的小拱棚

食用菌栽培形式因品种而异。地下埋植或直播品种,如鸡腿菇、草菇、双孢菇、杏鲍菇、白灵菇等,需建卧式小拱棚;高温平菇、黄背木耳、香菇等需要立式栽培,在卧式小拱棚中牵引7根铅丝架;生料平菇、杨树菇、灵芝等菌棒叠放,可以建立式中型拱棚。

1. 卧式小拱棚 搭建前清理林地杂草、小灌木、石子、废弃物等。在林下行间,沿行间设计小于40米长、1.5米宽的长畦(长边距离树1米),每隔2米,楔3根小木杆,中间木杆净高85厘米,两边高30厘米、各距中杆75厘米,构成一排。每排木杆绑一根长150厘米的竹片、高度30厘米,其上均匀打7个小孔,从畦的一头固定1根长41米的12号铅丝,穿过每排的小孔,固定在畦的另一头,形成7根铅丝架。再用1根10号铅丝,经85厘米高木杆顶部分别固定在长畦两端,完成棚架搭建。

用3米长的竹片,每隔1米将竹片弯成长为1.5米(弦长)的弓形,两端埋入土内并压实,中间弧顶沿10号铅丝将微喷系统管件绑缚在上面,贯穿各竹片(由畦一头至另一头),完成微喷系统安装。用3米宽塑料农膜罩于弓形竹片之上,每隔4米在膜上再用压膜线固定。压膜线两端固定在土内,卧式小拱棚搭建完成。

2. 立式中型棚 在林间地面清出长48米、宽3.5米的长方形地基,分别在长方形的两条长边上每隔4米埋设2.2米长、直径5厘米的竹竿26根,深埋50厘米形成立柱。立柱上绑缚竹片,其竹片向上拱起不少于 30 厘米。在立柱离地面 1 米处和顶端各绑缚 4 米长、直径 2 厘米的竹竿，使立柱相互连接，并增加稳定性，拱棚骨架建成。

在拱棚两侧 1 米以下张挂防虫网。整个拱棚用塑料农膜苫罩，两端开设进、出口门。为加强薄膜稳定，每隔 8 米加一道压膜线。拱棚四角及中间部位酌情用铅丝与地面固定，建成一个高 2 米、宽 3.5 米的立式中型棚。在拱棚顶部沿中线拉一条铅丝，以便架设微喷管道系统。

有条件的地方可以用多根 6 米长、直径 1.98 厘米的铁管，弯成多个高 2.5 米、宽 2.7 米的圆形拱梁，并以铅丝相互牵连，搭建立式中型棚。

第二章　食用菌菌种原种的制作、选育和保存

食用菌菌种是经人工培养并可供进一步繁殖或栽培使用的食用菌菌丝纯培养物。菌种质量直接影响食用菌生产中的发菌率及菇的质量与产量。生产各级菌种，首先要了解每个品种的生理特性及适应范围，在适宜环境条件下生产出菌丝活力强、纯度高的优质菌种，并确保菌种优良性状的稳定性，为食用菌优质高产奠定基础。

为增强菇农菌种原种生产制作的可操作性，本章主要阐述原种制作的基础知识及常用技术。

第一节　菌种的类型与分级

一、菌种的概念

在自然界中，食用菌靠孢子繁殖传播。但在人工栽培中，由于孢子很微小，很难在生产中直接应用，而是用孢子或子实体、菌丝组织萌发而成的纯菌丝体作为播种材料。人们通常所指的菌种，实际上是指人工生产的食用菌菌丝体与培养基形成的联合体。

二、菌种的类型与分级

随着食用菌产业的不断发展，菌种的类型越来越细化。

(一)菌种的类型

1. 根据菌种的使用目的分类　可分为保藏菌种、实验菌种、生产菌种。

2. 根据菌种的物理性状分类　可分为液体菌种、固体菌种、

固化菌种。

3. 根据食用菌的培养对象和培养材料不同分类　可分为木质菌种、草质菌种。

4. 根据食用菌培养基的不同分类　可分为粪草菌种、谷粒菌种、颗粒菌种、枝条菌种、木屑菌种、矿石菌种等。

(二)菌种的分级

1. 一级菌种　又称母种、试管种。是经孢子分离或组织分离得到的菌丝体纯培养物及其继代培养物，移接到试管斜面培养基上培养而得到的纯种。以玻璃试管为培养容器和单位。用于扩充繁殖原种。

2. 二级菌种　又称原种。是由母种移植于固体或液体培养基上扩大培养而成的菌丝体纯培养物。通常以750毫升玻璃或塑料菌种瓶或15厘米×28厘米聚丙烯塑料袋及500毫升罐头瓶为容器。生产中直接用原种进行栽培生产成本高。为降低成本，原种一般用于栽培种的扩繁。也可用于小规模的栽培试验。

3. 三级菌种　又称栽培种、生产种。是由原种移植到固体培养基上扩大繁殖的菌丝体。三级菌种的培养基质与二级菌种相似，但更接近于生产栽培基质。三级菌种数量多、成本低，可直接作为生产用种接到段木、菌床或栽培袋上进行栽培。通常用聚乙烯、聚丙烯塑料袋或玻璃瓶作为培养容器。

(三)菌种扩繁的意义及注意事项

菌种扩繁可以大大减少买种的费用，降低生产成本，从而提高栽培生产的收益。在菌种扩繁的同时，菌丝体也由母种的初生菌丝发育成原种和栽培种的次生菌丝。由母种纤细、分解能力差的菌丝体发展到越来越粗壮、分解物质能力越来越强的健壮菌丝体，大大提高菌丝体对栽培基质和生长环境的适应力，为生产提供足够的接种材料。一级菌种既可以用于菌种扩大生产，也适于菌种保藏及菌种优良性状的保存。二级菌种主要用于扩大生产，只能做短时间保存。三级菌种通过扩大培养，菌丝分解基质的能力进一步增强，直接用于生产栽培接种，一般在满袋或满瓶后10～30天内使用。不能使用三级种再来繁殖三级种，否则菌丝活力大大降低，易造成接种发菌过程中大量污染，导致栽培生产中的减产与降质，产生不必要的损失。

第二节　菌种原种的制作设备

为确保菌种的特性和纯度，选育、分离出适合当地的优良品种，菌种厂布局要合理化。根据菌种生产的工艺流程合理设计厂房布局，原材料贮备库、配料分装车间与冷却室、接种室和菌种培养室适当隔开，保持一定距离，以降低污染率，提高生产效率。

一、原材料贮备库

食用菌生产原料分主料和辅料。主料一般是农林副产品的下脚料，数量多、体积大，易燃，易发霉发酵、孳生害虫。贮备库应建在远离火源、光线充足、通风良好的地方，辅料包括麦麸、玉米面、米糠、糖、石膏及其他化学物品。其贮藏室要干燥、密闭、防鼠。塑料袋、塑料薄膜、常用器材、工具要分门别类存放在仓库里，仓库内最好设置贮物架以节省空间；盛装原种的玻璃瓶单设堆放处，尽量放在离水源较近的地方。

二、配料分装车间

配料分装车间应设在离水源、电源以及灭菌设施较近的地方。工厂化生产车间要有拌料用的搅拌机、装袋（瓶）机；车间前方应有原料预处理场地，以利于培养料的晾晒、粉碎及培养料堆积发酵之用。最好铺设水泥地面，面积的大小根据生产规模而定。另外，还应配备洗涤池及良好的排水系统，用于洗涤玻璃或塑料瓶及其他器具。

三、灭菌室

灭菌室内应备有手提式灭菌锅，立式、卧式高压灭菌锅，蒸汽灭菌柜等，供各级菌种培养基灭菌用，并且要有良好的上、下水设施。

四、冷却室

要求干燥通风、清洁卫生。室内地面、墙壁及墙壁四角要求平滑，便于洗刷、消毒和灭菌后培养基的冷却。

五、接种室

接种室即无菌室、无菌操作的场所，要求里、外两间。外间为缓冲室，面积2～3平方米；内间为接种室，面积5～7平方米，高度以不低于2.5米为宜。接种室要求密闭性好，墙壁、地面、四角平滑便于洗刷、消毒。内间的接种设备通常有接种箱、超净工作台，并安装有紫外线灯和600型离子风接种机。

六、培养室

培养室是培养菌种的场所，即菌袋接种后发菌的地方。要求干燥、清洁、避光、密闭性好。室内配备多层培养架，以提高房间利用率。并安装调温、通气设备，如空调、空气调节器、排气设备及移动式照明灯，便于调节室内温、湿度和菌种检查。

七、保存室

保存菌种成品的地方。中长期保存要备有冰箱、冰柜等，工厂化生产要建设冷库。普通短期保存可通过空调来调节温度，温度一般控制在10℃～15℃。室内要求干燥、通风、清洁、避光。菌种放入前做好消毒工作，禁止存放农药及污染物，地面铺撒白灰且经常更换，可保持空间干燥、防止杂菌污染。

八、原种培养料的分装容器

(一)菌种瓶

通常选用无色或淡绿色、透明度高的玻璃瓶，利于检查菌丝的生长及污染情况。

1. 专用菌种瓶 容量750毫升，口径3厘米，瓶颈较高。

2. 化工瓶 又称广口瓶。颜色、规格不一，容量500～750毫升，口径小于5厘米，瓶颈短。

3. 罐头瓶 经济、易搜集的制种容器，容量500毫升，口径7厘米以上。

4. 盐水瓶、酒瓶 口径较小，只适用于颗粒菌种的培养，容量500毫升。不易操作，但污染率比菌种瓶低。封口材料采用棉塞。

(二)菌种袋

菌种袋有聚乙烯和聚丙烯两种。聚乙烯塑料袋适于常压灭菌，聚丙烯塑料袋适于高压灭菌。制作原种的菌种袋通常采用17厘米×33厘米聚丙烯塑料袋。聚丙烯能耐150℃高温，透明度高，但质地较脆，温度低时易破碎。冬季使用时装袋环境温度不宜太低，操作要细心。封口材料采用塑料套环。

第三节 菌种培养基类型与制作方法

食用菌培养基是根据食用菌生长发育需求配制的营养基质，经过科学试验、栽培比较，确定比较合理的主辅料种类、比例及含水量。培养料的选择可充分利用本地资源并结合不同食用菌品种的需求进行配制。配方的合理性直接影响食用菌的产量和栽培效果。制作原种的培养料要精细且营养成分丰富，以利于菌丝生长发育。培养基种类很多,通常有以下几个分类。

一、培养基的类型

(一)根据营养物质的来源和性质分类

1. 天然培养基　由天然有机物的提取液配制而成,如小麦、玉米、麸皮、米糠、豆饼、秸秆、木屑、棉籽壳、玉米芯、甘蔗渣、禽畜粪等各种农副产品的下脚料。也可用动植物的浸提液,如牛肉膏、麦芽汁、马铃薯汁、豆芽汁等。这些天然有机物质来源广泛、成本低、营养丰富,能配制出优质的食用菌培养基。但有的有机物化学成分不稳定,不宜在精密试验应用。常用的天然培养基有马铃薯葡萄糖琼脂培养基、木屑加麦麸或米糠培养基和粪草培养基。

2. 合成培养基　主要采用化学成分已知的碳水化合物、含氮化合物、有机酸类、无机盐和生长素等高纯度化学试剂配制。主要用于食用菌的营养生理研究、菌种的纯培养、菌种保藏等。

3. 半合成培养基　指在天然培养基中添加适量的无机盐,或在合成培养基中添加适量的天然有机物配制而成的培养基。这类培养基营养丰富,是生产中广泛应用的培养基。

(二)根据营养物质的物理状态分类

1. 液体培养基　呈液体流动状态,主要用于液体菌种的培养。

2. 固体培养基　这种培养基有两种:一种是在液体培养基中加入凝固剂做成的固体培养基,食用菌生产中主要用琼脂作为凝固剂。多用于制作母种或菌种的组织培养及提纯。另一种是用木屑、农作物秸秆、棉籽壳等为主料加入一定比例的麸皮、玉米面、豆饼、各种微量元素及调节 pH 值的石灰等辅料做成的固体培养基,多用于制作食用菌的原种和栽培种。

二、培养基的制作

食用菌的不同品种对营养物质的需求各不相同，培养基中各物质比例、pH 值等因素直接影响菌体的生长繁殖及代谢产物积累。其中碳氮比是决定营养生长和生殖生长的主要因素。菌种的生产，目的是获得大量生活力强的菌丝体，故培养基中需适当增加氮源、少加或不加糖。此外，因生产菌种用料量大，在选料方面要因地制宜、就地取材、降低成本。

（一）培养基的常用材料

1. 木屑 是食用菌制种及栽培种的优质培养料。主要来源是木材加工厂的下脚料。材料易得、价格便宜、保水能力强，但颗粒细小、透气性差。生产中利用粉碎机加工树木枝杈获得原材料，一般加工成 2 毫米的小木片。这种材料透气性好，适合食用菌制种和栽培。大多数食用菌使用阔叶硬杂木木屑，选择无霉变、无虫蛀木屑。

2. 棉籽壳 广泛应用于食用菌制种和栽培中。棉籽壳营养丰富，同时含丰富的碳源和氮源，透气性好。棉籽壳含有的短绒持水力好，是栽培各种食用菌最好的原料。

3. 玉米芯 透气性好、持水力强，在棉籽皮、木屑缺乏地区应用广泛。其栽培效果好于麦秸、稻草及其他作物秸秆。玉米芯含氮量高，质地疏松，营养后劲足。配料时应添加一定量的麦麸或米糠等辅料补充养分，以达到丰产目的。选料时应选择当年新鲜、干燥、无霉变的玉米芯。玉米芯可溶性糖分含量较高，易引起发霉变质，贮存过程中保持干燥通风、防止雨淋。

4. 麸皮 是优良的氮源，富含维生素 B_1。其添加量一般为 15%～20%，是食用菌制种和栽培的优良辅料。其营养丰富，易孳生杂菌，不宜长时间存放。

5. 米糠 在食用菌栽培中主要作为氮源添加剂。它含有多种维生素、脂肪酸、谷固醇等，营养丰富，用于食用菌栽培效果好，添加量多为15%左右。

6. 谷粒 包括小麦、大麦、玉米、高粱、谷子等，多用于适宜菌床栽培的食用菌制种。

7. 稻草 资源广泛，是双孢菇、草菇、鸡腿菇、姬松茸等草腐菌的良好营养物质。

8. 甘蔗渣 含有大量的纤维素和半纤维素，可代替木屑进行制种和栽培。甘蔗渣不易贮存，尽量选择新鲜甘蔗渣，并及时晒干备用。

9. 花生壳 含有粗蛋白质、纤维素、脂肪和多种维生素，将其处理干净、晒干粉碎后，加入辅料及营养元素即可进行食用菌制种及栽培。

10. 菌糠 指生产栽培过平菇、香菇、金针菇等的无污染、无虫蛀废菌棒。因分解不彻底仍含有大量纤维素等有机物，可再次栽培食用菌，用量可达50%～80%。常用于栽培鸡腿菇、双孢菇等。

11. 玉米粉 食用菌制种和栽培的常用材料，用于增加培养料的碳源和维生素。添加量为2%～5%。

12. 黄豆粉 食用菌制种和栽培的常用辅料，主要补充培养料的氮源不足，添加量为2%～3%。

13. 化合物类 食用菌制种及栽培中的添加物。主要补充营养成分、矿质元素、调节pH值、改善化学物理性状。常用添加物及剂量：尿素0.1%～0.5%、硫酸铵0.1%～0.2%、硝酸铵1%～2%、磷酸二氢钾0.1%～0.2%、过磷酸钙0.5%～1%、石膏1%～2%、碳酸钙0.5%～1%、硫酸镁0.03%～0.05%、蔗糖1%～3%。化合物的添加量不宜过大，以免引起对食用菌菌丝的毒害。

(二)培养基的常用配方

食用菌原种制作中，一般木腐菌(如香菇、平菇、黑木耳、银耳、灵芝、猴头菇、茯苓等)可用木屑、米糠、小木条或棉籽壳等材料作为菌种的培养基;草腐菌(如蘑菇属类、草菇等)常采用粪、草等原料配制的培养基及谷粒培养基。原种培养基配方繁多,现介绍以下几种常用配方。

1. 木屑种通用培养基配方 阔叶树木屑78%,麦麸或米糠20%,糖1%,石膏1%。适于香菇、木耳、银耳、毛木耳、灵芝、猴头菇、蜜环菌、灰树花、金针菇、滑菇、鲍鱼菇、榆黄蘑、平菇、凤尾菇等。

2. 蘑菇属(双孢菇、巴西蘑菇)培养基配方

(1)谷粒培养基 谷粒(小麦、大麦、燕麦、谷子、高粱均可)98%,石膏1.5%,石灰0.5%。

(2)粪草培养基 干稻草45%,干牛粪45%,花生饼或豆饼2%,硫酸铵0.5%,尿素0.5%,过磷酸钙5%,石灰1%,石膏1%。

3. 平菇培养基配方

配方一:棉籽壳99%,石灰1%。

配方二:棉籽壳86%,麦麸或米糠13%,石灰1%。

配方三:棉籽壳45%,阔叶树木屑40%,麦麸或米糠13%,石膏1%,石灰1%。

配方四:阔叶树木屑55%,棉籽壳23%,麦麸或米糠20%,石膏1%,石灰1%。

配方五:玉米芯粉55%,棉籽壳22%,麦麸或米糠20%,石膏2%,石灰1%。

配方六:豆秸粉80%,麦麸或米糠18%,石膏1%,石灰1%。

配方七:稻草粉72%,麦麸25%,糖1%,石膏1%,石灰1%。

4. 草菇培养基配方

配方一:棉籽皮98%,石灰2%。

配方二:稻草粉80.6%,麦麸16%,硫酸铵0.2%,尿素0.2%,石膏1%,石灰2%。

配方三：稻草粉48%，棉籽壳48%，石膏1%，石灰3%。

5. 金针菇培养基配方

配方一：阔叶树木屑73%，麦麸或米糠25%，糖1%，石膏1%。

配方二：棉籽壳88%，麦麸或玉米粉10%，糖1%，石膏1%。

配方三：玉米芯粉88%，麦麸或米糠20%，过磷酸钙1%，石膏1%。

配方四：豆秸83%，麦麸或米糠15%，糖1%，石膏1%。

配方五：棉籽壳45%，稻草粉45%，麦麸8%，过磷酸钙1%，石膏1%。

配方六：棉籽壳45%，麦秸粉45%，麦麸或米糠7%，糖1%，过磷酸钙1%，石膏1%。

配方七：玉米芯粉44%，棉籽壳44%，麦麸10%，过磷酸钙1%，石膏1%。

配方八：大豆秸粉32%，棉籽壳50%，麦麸15%，糖1%，过磷酸钙1%，石膏1%。

6. 猴头菇培养基配方

配方一：棉籽壳99%，石膏1%。

配方二：棉籽壳89%，麦麸或米糠10%，石膏1%。

配方三：棉籽壳40%，玉米芯40%，麦麸19%，石膏1%。

配方四：棉籽壳50%，稻草粉30%，麦麸19%，石膏1%。

配方五：阔叶树木屑84%，麦麸或米糠15%，石膏1%。

7. 灵芝培养基配方

配方一：棉籽壳45%，阔叶树木屑45%，麦麸8.9%，石膏1%，尿素0.1%。

配方二：棉籽壳89%，麦麸或米糠10%，石膏1%。

8. 灰树花培养基配方

配方一：棉籽壳28%，阔叶树木屑42%，麦麸20%，玉米粉

8%，过磷酸钙1%，石膏1%。

配方二：栗木屑80%、麦麸皮8%、石膏1%、糖1%、砂壤土或壤土10%。

配方三：棉籽壳80%、麸皮8%、石膏1%、糖1%、砂壤土或壤土10%。

9. 白灵菇培养基配方

配方一：阔叶树木屑82.7%，麦麸或米糠15%，糖1%，石膏1%，过磷酸钙0.3%。

配方二：棉籽壳88%，麦麸或米糠10%，糖1%，石膏1%。

配方三：阔叶树木屑50%，棉籽壳38%，麦麸或米糠10%，糖1%，石膏1%。

10. 鸡腿菇培养基配方

配方一：棉籽壳90%，麦麸7%，糖1%，石膏1%，石灰1%。

配方二：棉籽壳70%，麦秸粉20%，麦麸7%，糖1%，石膏1%，石灰1%。

配方三：稻草粉63%，麦麸26%，玉米粉9%，糖1%，石膏1%。

配方四：阔叶树木屑65%，双孢菇堆肥24%，麦麸11%。

配方五：阔叶树木屑71%，麦麸17%，玉米粉9%，糖1%，石膏2% 。

11. 杨树菇培养基配方

配方一：阔叶树木屑68%，麦麸25%，玉米粉5%，糖1%，石膏1%。

配方二：棉籽壳80%，木屑10%，麦麸8%，糖1%，石膏1%。

12. 蜜环菌培养基配方

配方一：棉籽壳82%，玉米粉16%，石膏1%，过磷酸钙1%。

配方二：阔叶树木屑77%，麦麸20%，糖2%，石膏1%。

13. 木耳培养基配方

配方一：阔叶树木屑81%、麸皮15%、豆粉2%、石膏1%、石灰1%。

配方二:玉米芯78%、麸子15%、木屑5%、石膏1%、石灰1%。

14. 杏鲍菇培养基配方

配方一:木屑73%、麸皮25%、糖1%、碳酸钙1%。

配方二:棉籽壳82.8%、麸皮9%、玉米面4%、磷肥2%、石灰2%、尿素0.2%

配方三:棉籽壳53%、木屑32%、麸皮12%、玉米面2%、石灰1%。

配方四:棉籽壳45%、木屑45%、麸皮1%、玉米面6%、石灰2%、硫酸钙1%。

配方五:棉籽壳55%、木屑34%、麸皮5%、玉米面2%、石灰3%、硫酸钙1%。

配方六:木屑33%、棉籽皮33%、麸皮22%、玉米面4%、豆秸粉8%。

15. 香菇培养基配方

配方一:棉籽壳40%、杂木屑35%、麦麸20%、玉米粉2%、石膏粉2%、蔗糖1%。

配方二:杂木屑76%、麦麸18%、玉米粉2%、石膏粉2%、蔗糖1.2%、过磷酸钙0.5%、尿素0.3%。

16. 大球盖菇培养基配方

配方一:小麦或大麦88%、米糠或麦麸10%、石膏或碳酸钙1%、石灰1%。含水量65%(加入米糠或麸皮主要是使培养基疏松,增加透气性,菌丝走向好)。

配方二:小麦25%、稻草64%、麦麸10%、石膏粉1%。含水量65%～70%。

配方三:杂木屑42%、杂刨木花42%、米糠或麦麸15%、硫酸镁0.2%、石膏或碳酸钙0.8%。含水量70%。

(三)培养基的处理方法

配制固体培养基的主要原料包括谷粒、腐熟的堆肥、稻草、麦秸、木屑及棉籽壳等纤维材料，由于原种具有量少、菌龄低、质量高的特点，对原材料要求较高，制作要精细。

1. 谷粒种的原料 选择干净、无霉变、无虫蛀的小麦、大麦、燕麦、高粱、玉米、谷子等。筛选干净后用清水或1%石灰水上清液浸泡8～12小时，浸泡时间根据气候温度而定。浸泡后用清水漂洗干净，再煮沸15～20分钟。以料粒充分吸水、内部没白心、表皮不涨破为度。

2. 木屑、棉籽壳种原料 选择新鲜、无霉变、无虫蛀的原材料；木屑事先要过筛，去除尖锐的小木渣。

3. 草料种原料 要求新鲜、无霉变。草料种原料表面均有一层蜡质吸水慢，要对原料预先进行处理，使水分充分吸收后再进行分装。

4. 粪草种原料 配料前，将干牛粪和稻草(切成3～5厘米段)混合堆制发酵15～20天，发酵过程中翻堆2～3次，待稻草完全腐熟后使用。

常用辅料包括蔗糖、尿素、麦麸、米糠、过磷酸钙、石膏、石灰粉。其中麦麸、米糠、饼粉、石膏或石灰粉与少量原料混匀后再均匀拌入主料内，蔗糖、尿素、过磷酸钙溶于水后再与培养料拌匀，拌料用水选择干净的井水或自来水，培养料的含水量依原料种类和物理性状、菇类的生物学特性、制种要求而有所区别，通常在55%～62%。经验判断法是用手握紧培养料，以指缝中有水外渗而不往下滴为宜。

培养料配好拌匀后，用pH试纸测定培养料的酸碱度。因高压灭菌会使pH值下降0.2～0.4，所以灭菌前的pH值要略高些。不合要求的，可用过磷酸钙或生石灰的澄清液进行调整。用原种瓶装料时，料装至瓶深的2/3或3/5，用棉塞封口。用聚丙烯塑料袋装料时，装至距袋口约 5 厘米处，用套环封口。装料后在表面覆盖一层厚 1.5～2 厘米的细木屑或棉籽壳培养料，利于菌种定植。用打孔棒在料面打接种孔，孔深达瓶(袋)底，孔径 1.5～2 厘米。

第四节　菌种的灭菌与消毒

食用菌菌种在分离、转接及培养过程中极易被环境及培养料中各种杂菌、微生物侵染和孳生害虫，所以在生产过程中，消毒与灭菌极其重要。从拌料场地内外环境的消毒灭菌到分装后的菌袋灭菌，再到冷却室、接种室、培养室的消毒灭菌，各个环节相互独立又相互联系，环环衔接。灭菌可以包括消毒，但消毒不能代替灭菌。灭菌是彻底杀菌，用物理或化学等方法杀死物体上的一切微生物以及它们的芽胞或孢子，使物体成为无菌状态。消毒是非彻底杀菌，是用物理或化学等方法，杀死物体上的有害微生物。做好消毒灭菌工作，才能减少病虫害的发生，提高食用菌菌种成品率，实现优质高产。

一、灭菌方法

原种是食用菌制种的中心环节，是试管母种的菌丝由琼脂培养基转换到培养料培养基上。菌丝的定植力较弱、吃料慢，易感染杂菌受到污染，所以培养料的灭菌通常采用高压灭菌。高压蒸汽灭菌效率高，可用于各种培养基的灭菌，像谷粒、粪草培养基(常压灭菌达不到完全灭菌效果)。高压灭菌适合多批次的原种生产。错开生产档期，可缓解菌种老化，为不同时间的栽培种生产提供菌龄适宜的原种。

1. 高压灭菌原理　高压蒸汽灭菌是利用高温高压的水蒸气进行灭菌的一种方法，它可杀死一切微生物、包括细菌的芽胞、真菌的孢子及休眠体等耐高温的个体。在使用高压灭菌锅时，注意要完全排出锅内的冷空气。如果锅内冷空气排不尽，则锅内温度将低于同样压力下由纯饱和蒸汽产生的温度，影响灭菌效果。

2. 高压灭菌方法 装锅完毕后关闭锅门、拧紧螺杆，关闭排气阀、开始加热。当压力达到0.05兆帕时，打开排气阀放气。当锅内冷气排尽后关闭排气阀、继续加热，达到预计温度时开始计时。灭菌完毕后，要待锅内压力自然降至0后才可取出料瓶(袋)。灭菌所采用的蒸汽压力与时间应根据待灭菌物品的性质、体积或数量与容器类型而定。如马铃薯葡萄糖琼脂培养基，灭菌采用蒸汽压力为0.098～0.118兆帕(1～1.2千克/厘米^2)，时间30～40分钟；而对于体积大、热传导性能较差的物品，蒸汽压力与时间均需加大与延长。如锯木屑米糠(或麦麸)培养基、棉籽壳培养基等需在0.137～0.147兆帕(1.4～1.5千克/厘米^2)压力下，灭菌1～1.5小时才能达到要求；而发酵草料培养基、河泥粪培养基则需0.196～0.245兆帕(2～2.5千克/厘米^2)的压力灭菌3～4小时。原种灭菌时，为了确保高压灭菌效果，菌种瓶(袋)摆放不能太紧，要留有一定的间隙，便于热蒸汽流通。料瓶(袋)装锅时，最好倒放，瓶(袋)口朝向锅门。如果只能立放时，要盖上牛皮纸，防止水蒸气浸湿棉塞。

二、消毒方法

(一)物理消毒法

1. 紫外线消毒 常用于空气、物体表面消毒。杀菌机制是使细胞内核酸、蛋白质和酶发生光化学反应而使细胞死亡。紫外线还可使空气中的氧气变为有杀菌作用的臭氧。真菌孢子对紫外线的耐受力最强，细菌芽胞次之，最弱的是微生物的营养体。紫外线不能穿透玻璃、纸张、灰尘等固体物质，所以只有直接照射时才有杀菌作用。

2. 离子风接种机 该机通过尖端放电、直流高压静电除尘原理，产生每立方米含50万个负氧离子、风速为每0.5～1米/秒的无菌离子风而灭菌。该机发出的离子风对人无任何刺激和副作用，无菌率可达100%。

(二)化学消毒法

主要用于接种空间、生产场地、培养料及生产接种工具。化学消毒是利用化学药物抑制细菌的生长繁殖或杀死病原微生物的方法。化学消毒剂的种类很多，但其作用机制主要是使细菌蛋白质变性，改变细菌细胞膜的通透性或干扰细菌的酶系统，从而抑制菌体生长或导致菌体死亡。大多数消毒药剂对人体细胞有害，使用消毒剂时应注意防止消毒剂危害健康。常用化学消毒剂的种类及使用方法如下。

1. 甲醛 也称福尔马林。使用浓度5%或原液10毫升/米^3。5%溶液用于空间、床架喷雾，原液加热或加等量高锰酸钾熏蒸。注意棚室在消毒结束使用前放置一定量的碳酸氢铵或通入适量氨气进行中和，防止甲醛对人体黏膜的损害。

2. 乙醇 使用浓度75%，用于皮肤、器皿、接种工具及分离材料表面的擦拭消毒。

3. 高锰酸钾 使用浓度0.1%，主要用于器皿、塑料薄膜等的消毒。

4. 多菌灵 主要用于环境、培养料的消毒。

5. 绿霉净 主要用于培养料、器具及环境的消毒。

6. 必洁士 主要用于接种箱(室)的消毒。属于气雾剂。

7. 消毒盒 主要用于接种箱(室)，也可溶于水洗刷接种工具，属于烟雾剂。

8. 石灰 主要用于地面消毒，可以降低空间湿度。

9. 硫磺 主要用于冷却室空间环境的熏蒸消毒。

第五节　菌种的接种与培养

食用菌生产过程中，原种优劣直接关系到食用菌生产的成败。在原种的接种与培养过程中要求操作严格、环境卫生。

一、接种前的准备工作

首先，严格检查供接种用母种的纯度与活力，查看试管内和棉塞上有无霉菌孢子菌落及杂菌侵入所形成的拮抗线、湿斑。有明显杂菌污染或有疑问的母种、培养基干缩或出现黄色分泌物的母种、培养基上菌丝稀疏或大多是细线状菌索的母种、没有菌种标签的可疑母种，均不适用于接种。

其次，接种室的消毒灭菌。将接种室打扫干净，用烟雾消毒剂或气雾消毒剂进行消毒灭菌，然后移入冷却好的原种料瓶(袋)，放入接菌工具，再次消毒灭菌。

二、接种方法

将冷却后的原种料瓶(袋)搬入接种箱内，放好接种工具，用气雾消毒剂、紫外线或安装离子风接种机进行消毒灭菌。接种前，操作人员用75%酒精擦拭双手、接种工具，并点燃酒精灯对接种工具进行灼烧、晾凉。在酒精灯无菌区内，将试管母种在酒精灯火焰上方拔去棉塞放在试管架上，取待接的料瓶(袋)拔去棉塞或摘下套环盖，用右手小指夹住。左手持试管，右手用接种铲取一块母种接入原种培养料上，棉塞经迅速灼烧后塞好瓶口或盖好套环盖。一般1只试管母种可接3～5瓶(袋)原种。注意每次接种时间不宜过长，避免接种箱内温度过高灼伤菌种不利于成活。将接好的原种瓶(袋)贴上标签，注明菌种名称、接种日期以及接种人姓名等，移入事先消毒灭菌的培养室培养。

三、菌种的培养

(一)菌种瓶(袋)的摆放

接种后的菌种瓶(袋)进入培养室后起初要立放在菌种架上,利于菌种的定植。待菌丝定植并扩至瓶肩处就可以倒放了。这样既可以避免棉塞长期立放积累灰尘造成杂菌污染,又可以均衡瓶(袋)内的水分利于发菌。瓶与瓶或袋与袋之间要留有一定空隙,利于菌丝代谢热量的散发,避免发生高温烧菌现象,影响菌种质量。培养室内一般都配备气调设备。根据季节的变化,对堆叠层数进行相应调整,最大限度地节约资源。

(二)温度控制

根据不同品种菌丝生长适宜温度的要求,调节室内温度。一般培养室内温度比菌丝最适生长温度略低时菌丝生长健壮。一般30～45天可长满菌种瓶(袋)。实际生产中,注意室温和料温之间的差异。通过调节室温、翻倒瓶(袋)、结合室内外通风等及时调温,使菌种生长温度保持在适当水平。

(三)湿度控制

培养室内空气相对湿度保持在60%～70%。如果室内湿度过大,可在地面撒些石灰粉吸潮,防止杂菌污染。或加大通风量,进行排湿。

(四)二氧化碳浓度控制

菌丝生长阶段虽然呼吸较弱,但因培养室内瓶(袋)的密度大、菌丝不断呼吸,产生大量二氧化碳。室内二氧化碳积聚浓度过高会影响菌丝生长,应注意通风换气。

(五)光线控制

多数食用菌的菌丝生长阶段不需要光线。光线对大多数的食用菌菌丝生长有抑制和加速老化的作用,易形成菌皮。同时,还能诱导原基和菌蕾的发生。菌种培养阶段应保持暗光条件,减少培养室内的光照强度，避免直射光直接照射在菌种瓶(袋)上。室内门窗要挂外黑内红的窗帘。

(六)防虫灭鼠

培养室内外要经常保持清洁卫生。培养室的通风口应设细密的防虫纱窗。每隔7～10天在室内喷洒杀虫药剂1次，防治害虫。封住一切老鼠可以进入培养室的通道，投放鼠药，放置鼠夹，严防鼠害发生。

(七)菌龄控制

原种的生产培养要密切配合栽培种的生产时间，控制好菌龄，使培养好的菌种及时使用，防止菌种老化。通常满瓶(袋)7～10天后菌丝生活力最强，接到新的培养料上能表现出较强的适应性。如果存放过久会造成菌龄老化，形成菌皮，菌丝活力显著下降，造成培养料营养的消耗并增加菌种后期污染，直接影响接种的成活率。

(八)检查杂菌

从发菌的第二天开始，要经常检查有无杂菌污染，逐个检查、不可遗漏，发现杂菌及时处理。通常每2天检查1次。当菌丝长过瓶肩并向下深入1～2厘米时，可改为每周检查1次。对长势慢或纤细者及时拣出。有些杂菌侵染后仅在培养基表面形成小菌落，通常会被食用菌菌丝吃掉并覆盖，所以要勤检、早检、早发现。此外，对于某些接种3～5天后菌块仍没萌发的，要拣出单独培养，1周后仍未萌发的要及时补种。

四、培养过程中出现的异常现象及原因

(一)杂菌污染

食用菌菌种在培养过程中，常被木霉、青霉、曲霉、根霉、毛霉以及细菌等杂菌污染，高温季节污染更严重。生产过程中往往会因为杂菌污染而造成食用菌栽培减产甚至绝产。

(二)断　菌

断菌是菌丝在培养料内生长过程中产生菌丝断层、断裂的现象。引起断层的原因主要有两个:一是菌种瓶(袋)中的培养料装的过松,萌发出来的菌丝细弱无力;二是培养料腐熟过度、含水量过高,发生菌丝断裂现象。

(三)退　菌

“退菌”是菌丝长至培养料中部或中底部时,从料面开始逐渐变弱、甚至消失的现象。退菌的发生对食用菌制种及生产栽培的产量和经济效益有很大的影响。主要原因是原料营养配比不当,菌种瓶(袋)装料过松,培养料含水量较低,培养条件不合适,菌种老化等。

(四)菌丝徒长

食用菌制种过程中有时会出现菌丝徒长现象。具体表现为培养料表面生长过旺,形成一层粗壮的菌束网并且在培养料表面形成菌皮。形成这种现象的主要原因有两个:一是培养料营养过剩,主要是指含氮量偏高;二是培养管理不当,主要是培养室温度过高、通风不良、空气湿度过大等。

(五)“不吃料”

“不吃料”现象是指菌丝块在培养料中不生长;或有些菌种块上的菌丝虽然萌发生长,但不往培养料内部生长,菌丝逐渐萎缩变黄。引起此种现象的原因主要有四个:一是接种操作不当,如接种工具灼烧后未冷却、菌种块离酒精灯过近、菌种瓶(袋)冷却温度不够、接种时间过长、接种箱内部温度过高等,造成烧菌使菌丝活力丧失或下降;二是培养料不合适,配方不合理;三是菌种老化;四是螨类为害。

第六节　菌种的杂菌污染和虫害

一、制种过程中的主要杂菌污染及虫害

(一)主要杂菌

1. 木霉类　感染初期菌丝灰白色、纤细、浓密，随着菌落的扩展灰白色菌落上出现淡绿色粉末状分生孢子，后期菌落由淡绿色变成绿色或暗绿色。

2. 青霉类　感染初期料面出现白色绒状菌丝，1～2 天后菌落渐变成青蓝色粉末状霉层，食用菌菌丝生长受抑制。

3. 曲霉类　初期菌落零星发生、菌丝绒毛状，后形成黄绿色或黑褐色粉末状分生孢子。

4. 根霉和毛霉　生长速度快，在菌种表层形成很厚的白色菌丝团，几天后变成灰色并出现细小、黑色的分生孢子囊。

5. 红色脉孢霉　侵染初期从潮湿的棉塞上长出白色絮状菌丝，垂下直至培养基料面。随后透过棉塞出现馒头形、呈粉红色，散发的分生孢子梗及成串分生孢子呈橘黄色或橘红色，具有酒香味。

6. 酵母菌　发生在细菌大量繁殖的培养料上。发生初期黏滑，呈现乳白色、黄绿色、橙黄色，后期产生孢子囊，具有苹果香味。

7. 细菌　污染的培养料通常变软，变为灰色或暗褐色，柔软带黏液，或暗褐色、橙褐色，黏液状，有腐烂的臭味。

(二)主要虫害

1. 线虫　感染线虫后菌丝萎缩，培养料发黑发臭。

2. 螨类　螨虫很小，爬动快，会钻过棉塞为害原种。主要咬食菌丝，并诱发其他细菌、寄生真菌的侵染，造成复合病害。

二、杂菌污染及虫害的综合防治

第一，针对品种特性，选择适宜的培养基。合理调配培养基各种成分的比例以及含水量和 pH 值。

第二，培养料分装时，瓶(袋)口保持清洁。

第三，注意封口材料即棉塞和套环的质量。

第四，培养基要彻底灭菌。

第五，选择抗病、抗虫品种。

第六，接种要严格按照无菌操作进行。

第七，适当加大接种量。

第八，控制培养菌种的环境条件，合理安排制种季节。

第九，要经常检查，发现杂菌感染的菌种及时剔除。

(具体防治措施见第六章)

第七节　菌种的原种质量鉴别与保存

菌种鉴别以菌种种性为前提，对扩大繁殖后的纯菌丝体生长状况进行检查及优劣鉴别。原种制备培养完毕后需要经过质量鉴定，才能进行栽培种的接种。

一、优良原种的特征

(一)生长整齐

同一品种，在培养基、培养环境相同的情况下，长速和长势应基本相同，且长速正常、均匀。

(二)色泽正常

在天然木质素的培养基或谷粒培养基上生长，除草菇外食用菌正常的原种外观均为白色。杂菌菌丝颜色与食用菌菌丝颜色不同，通常有绿色、灰绿色、暗褐色、橘红色、灰白色、黑灰色等。有些污染的杂菌菌落被食用菌菌丝遮盖后会出现明显的黄色或黄褐色拮抗线。此外,整个菌种体上下不同部位应保持色泽鲜亮一致。尤其是当上部菌丝出现灰暗时应拣出不用。如整批出现这种现象,应认真查找原因、重新制种。

(三)菌丝粗壮

优良的原种,菌丝粗壮、浓密、均匀。如果菌丝干瘪萎缩,则不能使用。严重的要分析原因,重新制种。

(四)菇香味浓郁

优良的原种,打开瓶盖可闻到浓郁的菇香味。如果气味清淡或无香味,则不可使用。

(五)菌体结实成块

优良的菌种,在适宜的条件下培养而成的原种在基质中旺盛生长,菌丝间相互呈网状连结。将培养料集结成块而不再像接种前那样松散,可任意掰成小块。

二、主要优良原种的特征

(一)双孢蘑菇、大肥菇原种

菌丝灰白、细绒状,气生菌丝少。匍匐型菌株的菌丝呈细线状分布,上下均匀。不论气生型菌株,还是匍匐型菌株,菌丝上、下都均匀一致,无扇形变异、无黄白色的菌皮;有浓郁的菇香味。

(二)香菇原种

菌丝洁白、舒展、均匀,生长边缘整齐。不易产生菌皮。在温度较高的季节,上方表面常出现无色透明或稍黄色透明水珠,长满瓶后 10～15 天内常可见到琥珀色透明液珠。正常菌龄的菌种外观丰满,无褐色菌皮。

(三)平菇原种

菌丝浓密、洁白、粗壮、鲜嫩,生长均匀整齐,多数品种在培养基上方表面形成绒毛状气生菌丝。低温品种气生菌丝常分泌黄褐色色素，特别是在高温的季节。低温品种原种常出现红褐色或黄褐色的气生菌丝或黄水。

(四)草菇原种

菌丝白色、透明，有光泽，较稀疏。发育成熟的菌种常同时见到黄白色或锈红色的厚垣孢子，并随着菌龄的增长厚垣孢子数量增加、颜色加深。菌丝白色，厚垣孢子浅锈红色，分布在培养料颗粒周围时是适龄菌种。厚垣孢子很少，则菌龄不足。菌丝变成黄白色，厚垣孢子呈深锈红色充满培养料的缝隙、上层菌丝萎缩，表明菌种较老。太嫩和过老的菌种都不适于栽培。

(五)黑木耳原种

菌丝洁白、浓密、粗壮有力，生长均匀整齐，菌种生长发育完全后在菌体表面分泌褐色水珠。长满瓶后在有光条件下，出现原基，表明种性优良。如果菌丝出现不均匀的长势，出现斑块状生长，表明有细菌污染。如果菌丝在满瓶之前便有原基出现，表明菌种老化，不宜使用。

(六)银耳原种

适于生产使用的优良银耳原种，应该是银耳菌丝和香灰菌丝比例适当。经过一段时间的培养后在表面形成“白毛团”，继而胶质化和组织化，出现原基并能展片。香灰菌丝初期分布均匀、白色，气生菌丝向瓶壁延伸并产生黑斑；后期在原基下方出现束根状物，表现多黑疤，分布均匀。银耳菌丝较香灰菌丝细，在原基下方可见到厚厚一层细的银耳菌丝。

(七)猴头菇原种

菌丝洁白、浓密、粗壮、生长快，上下分布均匀，在表面极易形成子实体。如果菌丝纤细、稀疏、上下分布不均匀，表明菌种退化或有细菌污染。

(八)金针菇原种

菌丝洁白、浓密、絮状、生长均匀。有时表面可见到粉状物——粉孢子。如果菌丝生长到一定时期后仍不能满瓶，或停滞生长，属于菌种性状不良。正常的优良菌种，在瓶内生长速度是均匀的。如果菌体外观呈黄色，表明菌种老化。

（九）榆耳原种

菌丝洁白、浓密、短絮状，上下均匀，鲜嫩，生长整齐。长满瓶后易出现原基。如果前期生长正常、后期生长缓慢，可能是培养料水分过大或装瓶过紧。

（十）灵芝原种

菌丝白色、浓密、短健、整齐，生长均匀。表面常见到粉状物，易形成坚韧的菌皮、菌皮由白色变黄色。

（十一）鸡腿菇原种

菌丝浓密、洁白、粗壮，生长边缘整齐。25℃恒温培养，原种30天长满瓶。

（十二）白灵菇、杏鲍菇原种

菌丝洁白、浓密粗壮、上下均匀一致，生长整齐，外观很像平菇。25℃恒温培养，原种40天左右长满瓶（袋）。

（十三）杨树菇、茶树菇原种

菌丝洁白、浓密，上下均匀一致，生长整齐，25℃恒温培养原种40～50天长满瓶（袋）。

（十四）灰树花原种

生长整齐，长速正常，色泽纯白（绝大多数），菌丝丰满，菇香浓郁。

（十五）蜜环菌原种

菌丝初期为白色、后期色泽变深，并出现棕色根状菌索、在暗处有荧光，菌种满瓶（袋）后培养基色泽变淡。

三、原种的保存

原种培养好后立即用于扩接栽培种，不宜保存过久。时间越长、生活力越差，也越容易感染杂菌。在室温下可自然贮藏10～15天，不影响使用效果。如超过这个期限，则需要创造条件贮藏。在特殊情况下，专业菌种场应建专用冷库。通常菌种的贮藏温度在1℃，如此菌种可整个包装进行贮藏2～3个月。非专业菌种场和个体食用菌栽培者要尽量创造低温、洁净、干燥、黑暗的条件，贮藏暂时不用的原种和栽培种。贮存的目的在于防止污染，减缓菌种代谢和衰老，保持菌种活力和纯培养状态，随时可用，保持菌种的商品质量。保存过程中应注意的问题如下。

(一)环境卫生

菌种贮存的场所要保持干燥、洁净，远离粉尘发生地，以防粉尘导致的污染。

(二)环境湿度和通风

菌种贮存场所不可湿度过高，保持空气流通良好，以带走菌种呼吸中产生的大量水分。保持适宜的空气相对湿度，防止污染。

(三)避　光

光线会加快菌丝老化，刺激子实体形成。子实体的形成将消耗菌种的大量养分，因此菌种贮存要避光，以防子实体形成。

(四)适度分散

贮存期间菌种仍处于代谢状态，其代谢活动的强度主要取决于贮存场所温度。菌种堆叠不要过密，以便于代谢热和代谢水分散失。

(五)减少人员出入

过多的人员流动，会导致贮存室温度升高、空气流动、悬浮物增加，不利于防止污染。

第三章　食用菌栽培种及菌棒工厂化生产技术

第一节　设备与机具

随着我国食用菌产业的发展,各种新型食用菌设备在生产中被广泛应用,从而降低了生产者的劳动强度、大大提高了生产效率。这里重点介绍生产上的常用设备。

一、原料加工设备

(一)木材枝条切片机

应用主要机型有 ZQ-600 型和 MG-700 型两种。全机由机架、皮带盘、机罩、刀盘、飞刀、进料口、出料口等零部件组成。现多以电动机为动力,配套动力 10～13 千瓦,每小时产料 1 500 千克。其工作原理:动力通过皮带传动经主轴带动刀盘旋转,刀盘上装有飞刀和叶片,进料口下部装有底刀。枝条从进料口喂入,被飞刀切削成木片。由于刀盘旋转惯性作用和刀盘上风叶的吸抛作用,使木片从机体下方出料口迅速抛出。机器使用前应先打开上风罩,检查调整到盘上飞刀与进料口底刀间隙在 0.3～0.8 毫米,3 把刀处于同一平面,飞刀与刀盘平面的距离分别为 4～5 毫米(ZQ-600 型)、6～10 毫米(MG-700 型)。机器作业时先空转 3 分钟,检查有无运转异常。进料时,严防夹带金属、石块等硬物,以免打伤刀片。工作 3～4 小时后查看木片切削质量,检查飞刀是否锋利,调整飞刀位置及刀盘与底刀的相对位置,确保木片大小适宜。定期拆下底刀磨刃并检查保养机器。

(二)木片粉碎机

常用机型有锤片式和组合式两种粉碎机。

1. 锤片式粉碎机　常用的有 FS-50 型、9FT-40 型粉碎机。主要由机壳、机座、进料口、粉碎室、排风扇、主轴、锤片等部件组成,除粉碎木片外也可粉碎作物秸秆和饲料。其工作原理是:动力通过皮带轮驱动主轴以 3 500～3 600 转/分转速旋转,木片从进料口进入粉碎室,粉碎室内主轴上安装几组对称的锤片,机壳内壁镶有齿板,底部和侧面安装带孔的筛板。木片受到高速旋转的锤片打击后碎裂,被抛向四周的齿板后再次碎裂,并弹回锤片,再次受到锤片的打击,如此反复便使木片或物料粉碎成小颗粒。高速旋转的排风扇将木屑吸过筛板,从出料口抛出进入集料器,不能通过的粗木屑在机内继续粉碎。常用型号粉碎机配套动力为 10～22 千瓦,每小时可粉碎材料 100～500 千克。锤片结构适合玉米秸、玉米芯、豆秸、棉秆、枝条等原料粉碎。

2. 组合式粉碎机　一种木料切片与粉碎一次合成的新型机械,常见的有辽宁产的 MFQ-5503 切碎两用机、福建产的 MQF 420 型菇木切碎机等,配套动力为 15～18 千瓦。其工作原理是:木料经进料口送入,先通过装有凸形刀、凹形刀、平刀组成的刀盘切锯筒,经交叉切削把木料分切成絮状小木条,再进入粉碎室加工成细木屑。这些新机型使用方便,耗能低、切削平稳、产量高,每小时可粉碎木屑 300～500 千克。

二、菌袋生产加工设备

(一)原料搅拌机

搅拌机用于将培养料混合后搅拌均匀,常用机型有卧式单轴叶轮式、卧式单轴螺旋式、多叶式螺旋结构搅拌机。全机一般由电动机、齿轮、传动系统、减速机、搅拌筒、搅拌轴、电路系统、加水控制系统、卸料系统等部件组成。主要有福建产 MJ-70 型,山东产

JB-50型、JB-100型食用菌原料搅拌机，河南产JB-70型原料搅拌机，辽宁产BLJ-200、BLJ-150、BLJ-100型原料搅拌机，生产能力湿料500～1 000千克/(台/时)。其工作原理是:电动机动力经三角带传送至减速机减速后形成巨大旋转动力，减速机带动搅拌轴转动，通过叶板或螺旋的翻动作用使培养料上下和左右翻动，充分搅拌混合均匀后，人工或机械倒出拌好的培养料。多叶式螺旋结构搅拌机可连续作业，价格较低，经济实用，是目前比较新颖的搅拌系统。

(二)装 袋 机

常用的有简易装袋机和冲压式装袋机。

简易装袋机其结构简单，使用方便，生产效率较高，价格低廉，适用于小规模家庭式生产。其原理是:把塑料袋套在搅龙套上，接通电源，搅龙转动，培养料经料斗在自重和搅拌器的作用下进入搅龙，被挤压后送入料袋。人工扶住料袋，同时有一向前的推力，推力的大小灵活掌握，以使装料松紧度适宜。搅龙的直径和长度要与不同的塑料袋规格相适应，根据需要更换不同的搅龙。

冲压式装袋机是近几年市场上大量应用的新型装袋机械，目前已有福建漳州兴业食用菌机械厂、河南兰考食用菌设备有限责任公司、江苏省连云港市国鑫医药有限公司等多家公司生产此类设备。其结构主要由机架、装料转盘机构、捣杆机构、推盘机构、抱袋机构、定位机构、阻尼机构、搅拌机构及其他辅助机构组成。有ZD1000型、GXZD1000等型号，使用380伏动力电，功率3千瓦，每小时生产1 200～1 500袋，根据需要可更换抱筒规格。冲压式装袋机与多叶式螺旋结构搅拌机配合使用组成食用菌装袋生产线，集筛料、搅拌、装袋、扎口为一体连续作业，日生产可达1.5万～2万袋，生产效率高，劳动强度小，促进了食用菌生产向工厂化、规模化方向发展。

三、灭菌设备

（一）传统式土蒸灶

传统的土蒸灶灭菌法，用砖与水泥砌成 2 米×2 米×2 米的灭菌室，下部用大锅燃煤烧水产生蒸汽灭菌。存在的缺陷：墙体吸热多，边缘易出现死角；灭菌时间长，加水困难，时冷时热，难保连续 100℃温度；容积小、耗煤量高（每次装 1 000 个菌棒需要 36～48 小时，耗煤 500～750 千克）；菌棒出、入灶劳动强度大。

（二）常压蒸汽灭菌灶

常压蒸汽灭菌灶是我国食用菌生产上常用的一种对培养料灭菌的设备，设备投资小、简单实用，可根据生产规模设计相配套的灭菌灶大小。一般由蒸汽发生器和灭菌仓两部分组成，简易的蒸汽发生器有锅灶、废油桶等改造后使用，一般适合家庭小型生产。

（三）罩式常压蒸汽灭菌灶

借鉴上述几种方法和外地多种灭菌方法，我们进行多次改良，研制出罩式常压蒸汽灭菌灶。其构造由蒸汽锅炉、灭菌室、送气管道、回水管道、贮水井等组成（图 3-1）。它具有产气量大、易操控、热效率高等特点，从而满足规模化生产的需要。

选用常压高温节能型锅炉（出口温度达 250℃），可满足大规模常压灭菌要求。灭菌室主体用 φ40 型热镀锌管材构成，体积为 5 米×2 米×2 米（长×宽×高）。前、后两面做成固定部分，呈三足倒“U”形浇筑于地面之上。地上部分高 2 米，用 φ40 型热镀锌管焊接成篦子状，同时用耐高温彩条布将管子包起以防蹭破菌袋。地下部分高 30 厘米，用防锈漆及沥青做防锈处理；左右两侧做成可拆卸的活动篦子，宽度 1 米、长度与灶体水槽长度相当，以便封灶时能卧于槽内。地基用石子水泥浇筑做防高温、高湿、渗水处理。每次装菌棒 4 500 个（9 吨料），外部罩以一层防老化长寿膜和一层毡布封闭。根据生产规模可设立多个灭菌灶，锅炉与灭菌灶

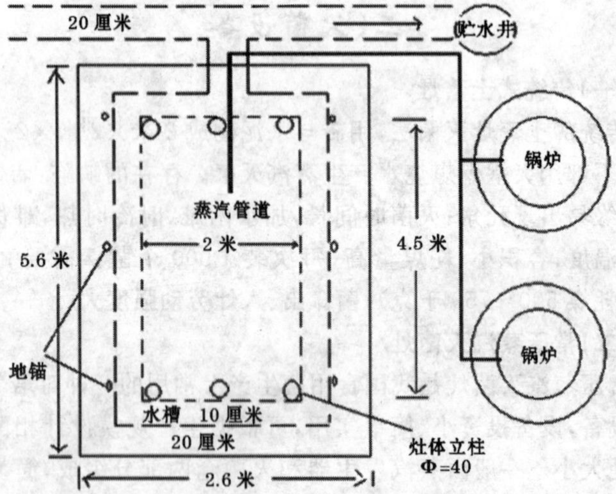

图 3-1　罩式常压蒸汽灭菌灶平面示意

由送气管连接，每个灶的送气管安装阀门，可以实现分体控制。冷凝水由回水槽集中后返回贮水井，经过滤后泵入锅炉再利用，节水节能。锅炉的产气量要与所供灶数相配套。

实践证明，该灭菌方法节能、省时、容量大、易操作，降低劳动强度，适合工厂化生产。不同灭菌方法成本、容量和耗时比较见表3-1。

表 3-1　不同灭菌方法成本、容量和耗时比较

灭菌方法	灭菌设施折旧费(元/个)	煤水电消耗(元/个)	单室灭菌棒数(个)	灭菌所需时间(时)
灶式灭菌	0.05	0.15	1 000	48
罩式常压蒸汽灭菌	0.01	0.1	4 500	24

从表 3-1 可以看出，我们研制的罩式灭菌法与旧的灶式灭菌

方法相比,煤水电消耗降低45%;产量增长至原来的4.5倍,而耗时减少一半。同时,该方法还便于操作,工作人员可以几个人同时出入灭菌灶间。1、2号灶灭菌的同时,可将菌棒装入3、4号灶。1、2号灶灭菌完成移出菌棒,3、4号灶灭菌,流水作业,提高工作效率,适合工厂化生产。

第二节 配料、搅拌装袋和灭菌

一、原料准备

(一)主 料

栽培原料选用新鲜、无霉变的棉籽壳及木屑。木屑应是阔叶树的,由于松树、杉树、樟树、柏树等树木中含有抑制菌丝生长的物质,因此不能用于生产。经专用粉碎机将树木和树枝粉碎成木屑颗粒,直径2~3毫米。木材加工厂的细木屑也可用于栽培生产、但产量较低。此外,玉米芯和农作物秸秆也可用于生产食用菌、但产量低,一般与棉籽壳、木屑混合组成培养料生产使用,可以提高产量。

(二)辅 料

辅料为麦麸、米糠和玉米面等含蛋白质较多的原料,辅料用量较少但也不可缺少。此外,还需石膏粉、益菇粉、磷酸二氢钾和硫酸镁等,这类材料有补充矿物质元素和调节酸碱度的作用。

二、培养料配制与搅拌

(一)配 制

培养料是食用菌生长的营养物质基础。培养料配方直接影响食用菌产量、品质和经济效益甚至栽培成败。培养料配制的基本原则是:首先根据所栽培菇种的生物学特性选择栽培原料、配制碳氮比适宜的配方，其次根据栽培学和经济利用率确定适宜用量。培养料由主料和辅料组成。主料主要为棉籽壳、木屑，若木屑较粗可添加部分细木屑，这样可改善培养料的物理性状、降低破袋率。同时，将木屑与棉花籽壳或玉米芯或农作物秸秆等混合使用，既可降低成本又可增加食用菌产量和提高质量。目前，河北省廊坊市农林科学院已根据不同食用菌品种，尤其是平菇、香菇、木耳、杏鲍菇、双孢菇、金针菇等常见食用菌，研究出了适宜林下栽培的培养料配方及配套栽培技术，其产量和效益显著，已运用于各栽培种(详见第四章)。

(二)搅　拌

拌料的目的是使配方各组分混合均匀一致，并调节合适的含水量。拌料的关键点主要有两个：一是搅拌促使原材料混合物和湿度的均一性，无死角、无干料块；二是确保在搅拌的过程中不致使原料酸败。按配方比例称取培养料，依次放入搅拌机中。若木屑为新鲜树木或树枝粉碎的、含水量高，要测算出干料含量后再确定湿木屑的用量。开动搅拌机，然后在培养料中加入水。加水量依培养料中含水量不同而异，干培养料可按料水比为 1∶1.1～1.3 加入，所用水要求为清洁井水或自来水。糖、尿素、磷酸二氢钾、硫酸镁等要溶解于水中以后再加入料中。配制好的培养料要求主料与辅料混合均匀，含水量均匀且适度。即用手捏培养料无水滴出，但指缝间能见到水。配制好的培养料，要及时装袋、灭菌，以免培养料中细菌繁殖使培养料变质。

三、装　袋

选用 15 厘米×60 厘米×0.005 厘米的低压聚乙烯筒袋，每袋装湿料 2 千克左右，料柱长度在 40 厘米左右。装袋采用装袋生产线进行，装袋时要安排好人员，实行流水作业，以提高工效。一般 12 人 1 组，1 人上料，1 人套袋，1 人下袋，5 人扎袋口，2 人检查袋有无破损、微孔（若发现微孔需用胶带封好），2人将合格的料袋装入灭菌筐，一般1天可装1万袋。装袋操作时各环节都要求轻拿轻放，地面粗糙的应垫上编织袋或麻袋，避免菌袋破损。为防止培养料发酵、酸败，装袋要抢时间。本着装袋量与灭菌设备相符的原则，做到日料日清，即当日装完、当日灭菌。

四、灭　菌

培养料灭菌是食用菌栽培中的关键环节之一。灭菌即将培养料中的杂菌全部杀死。培养料灭菌必须彻底，否则会造成杂菌严重污染而影响菌丝的生长发育甚至不能出菇。在实际生产中经常出现各种各样的问题，造成损失。生产中应注意以下问题。

拌培养料时水分含量要适宜且均匀。水的热传导性好，培养料干易造成灭菌不彻底；颗粒大的原料要先预湿保证无干心，装袋时松紧度适宜，装袋过松造成菌袋在蒸锅内被挤压变形，使袋间缝隙缩小甚至消失，影响灭菌效果；码放层数多时更要注意，菌袋在灭菌灶内的码放要适宜，不能使菌袋被挤压变形，以保证蒸汽很好流通。

菌袋较长时，一般采用柴片式堆叠，应注意层数不可过多，排间留出空隙。较短小的菌袋宜先装在袋子里或筐中，再入灶灭菌，这样出入灶较方便。将料袋整齐堆码在灶内，灶的每面码放两垛，垛与垛之间底部拉开30厘米距离，到上部逐渐收到一起。每垛自然向灶中间位置倾斜，相互靠在一起，防止因加热后菌袋变形而倒垛。顶部堆码呈龟背形，不留死角，也便于后续操作。

盖上一块塑料布和一块彩条塑料布，拉紧后压入回水槽内，前后两面用铁管压紧彩条布，左右两面用活动的篦子连同塑料布和前后两侧的铁管一同压实。用带紧线器的拉线将两片篦子连起，并用拉线将篦子与地锚相连，形成固定的整体，防止蒸汽外逸。输送蒸汽的铁管安放在灭菌灶料袋横隔底部。

灭菌时，灭菌的温度、压力和时间要严格控制。预热升温阶段,火力要尽可能猛,温度尽快升至100℃,使塑料薄膜臌胀呈气囊状、有一定的弹力。控制火力保证锅炉内蒸汽充足但不能压力过大以免浪费能源,同时也避免事故发生。及时向锅炉内加水防止干锅,应少加、勤加。最好先加灶里冷凝后回流的热水,防止锅内温度骤降而影响灭菌效果。万一出现干锅,不要立即加水,应先停火,待温度下降后再加水重烧。如果立即加水,锅炉会炸裂,后果严重。

生产过程中要防止培养料酸败变质。在食用菌栽培中常会遇到接种后菌种萌发但不吃料或虽然吃料但生长不正常、菌丝稀疏不浓白等情况,剥开料袋会发现培养料发出馊臭味,这说明培养料已酸败变质。其原因是从拌料到装袋灭菌的时间过长,料内微生物活动所致,尤其是在高温季节生产更应注意。

另外,一次灭菌的袋数过多,或锅炉气量不足上温慢致使点火后很长时间料温达不到100℃,这段时间不仅不能杀菌反而有利于微生物繁殖。以从点火到料温上升至100℃的时间控制在3小时以内为宜,烧火时一开始就要大火猛攻加速升温。在拌料时可适当提高石灰用量,中和灭菌过程中增加的酸性,抑制微生物的活动,防止培养料营养成分被破坏。灭菌时间不宜无限延长,否则会造成培养料营养成分的破坏,还浪费人力、物力。常压灭菌一般保持20小时以上。为保险起见时间可稍加延长,但最多不超过24小时。在此期间,用小火维持,始终保持塑料薄膜呈气囊状、即温度可达到100℃左右。灭菌结束后,再焖12小时后取出。

第三节 接种与培育

一、半开放式接种

在食用菌生产中,接种是关键环节,关系到菌棒的质量以及食用菌的品质和产量。接种技术不过关，菌棒会被杂菌污染成为废棒，造成生产上的损失；重新灭菌、接种，浪费人工和燃料。

常规接种是在接种箱内无菌条件下进行。接种箱容量有限，一般1个工人日接种量仅150～200棒，只能满足少量生产需求，而且操作方法局限，来回搬运菌棒，劳动强度大。如果大批量生产，不仅需要大批接种箱接种，占用较大的接种场地，且难以满足规模化生产需求。

为了提高成品率，又能满足大批量生产，经过反复试验与研究，我们在生产中总结出一套在菇棚内使用接种帐进行接种的模式——半开放式接种。即在大棚内搭设的塑料接种帐内接种，就地接种、就地发菌、流水作业，大大提高了工作效率，减轻了劳动强度。具体操作方法如下。

(一)接种帐设置

提前1周清理菇棚，喷甲醛闷棚。接种前3天在棚内地面上撒少许石灰粉，并喷洒绿霉净。把塑料接种帐的四个顶角分别用绳子吊挂于菇棚的顶架上，使接种帐高2.5米，余下的0.5米向内折起。在接种帐内的地面铺上同样的塑料薄膜，这样就形成了一个相对密闭的空间。把灭好菌的料棒趁热搬入接种帐内，1次可放入4 500棒，分5排码放，并用菌棒把接种帐折起的边角压紧压实。让菌棒在接种帐内自然冷却至30℃左右即可进行接种。菌种、接种工具等一并入帐，四周压实密封。接种前4小时接种帐内放入1个气雾消毒盒，帐外放2个气雾消毒盒进行灭菌。熏2小时后掀起接种帐的一面放气2小时，人方可进入。

(二)接种流程

接种人员进入接种帐前，要穿戴上灭过菌的工作服、帽子、口罩、手套、鞋套等，防止把杂菌带入接种帐。接种时需多人配合工作，接种动作要迅速。接种人员10人一组，接种时进行分工，打穴、接种、套袋、系袋、搬垛分别由不同的人操作，形成流水式作业。

打穴的人员用接种打孔棒在菌棒上均匀地打 3 个接种穴，直径 1.5 厘米左右、深 2～2.5 厘米；接种人员把菌种掰成大小合适的菌块塞入孔内，要注意塞紧塞实；搬垛的人员把接种后的菌棒接种点向上呈“一”字形墙式排放。接好种的菌棒分别码放成垛，用薄膜覆盖严，直接在菇棚内进行发菌。移动接种帐，为下次接种做准备。采用此流水作业方式接种，10 人用 3.5 小时即可完成 4 500 棒接种量。不同接种方法的成本与效果见表 3-2。

表 3-2　不同接种方法的成本与效果

接种方法	日接种量（个/人）	单棒成本（元/个）	供试菌棒数（个）	合格菌棒数（个）	合格率（%）
接种箱接种	150	0.15	4 500	4 296	95.6
接种帐接种	900	0.05	4 500	4 329	96.2

从表 3-2 看出，新式接种方法与旧方法相比，日接种量为原来的 6 倍，成本却降低了 3/4。这充分说明，改良后的方法省时、省力、降低成本，还为下一次发菌工序创造了方便条件。

二、培养发菌

（一）夏季培养发菌方法

夏季气温高，杂菌数量多、传播速度快，菌棒易发生大规模污染，应以预防为主。接种后每个菌棒需加套袋，套袋时注意不要触动刚接入的菌种。菌棒并排码放，接种点朝上不能朝下，防止菌种块掉落或因水渍而不能萌发。码放 13～15 层高，不需再用塑料薄膜整体覆盖。隔几天测定温度。7～15 天后菌丝定植，待菌落直径达 4～5 厘米时要进行翻堆、散堆，改墙式为“井”字形堆，高 8～10 层便于通风，并检查有无杂菌污染。此阶段若气温不高，仍可盖薄膜、麻袋保温，但要注意每 2 天掀膜通风 1 次。当菌丝长至 1/3～1/2 菌袋时，脱去外套袋，起到增氧排除废气的作用。或在接种孔旁边将外套袋挖1个孔增加通气,促使菌丝体加快生长。培养阶段要翻堆3～4次。第一次翻堆一般在接种后7～10天,发现杂菌污染或死种要及时处理,视天气情况调整堆形。随着发菌范围扩大,呼吸作用越来越强,要注意散堆和通风换气,降低堆叠层数。以后可每隔10～15天结合脱套袋、刺孔通气等措施进行。当菌丝长满袋后再继续培养10天左右,使其营养成分得到更加充分的积累。

在夏季培养发菌时,加强降温、通风换气管理,将温度控制在33℃以下,避免高温抑制菌丝生长甚至烧死菌种。菌棒7～15天后、当菌袋原种接入部分(即接种孔)不断分泌出黄色水珠时,说明菌丝已达到生理成熟,即可进入出菇管理阶段。

(二)冬季培养发菌方法

在冬季培养发菌主要是做好保温管理。接种后的菌棒一般不再单独套袋以节省人工,呈"一"字形墙式集中排放、高12～14层,用塑料薄膜整体覆盖。以堆温不超过25℃为宜,将温度保持在20℃～25℃。让菌种萌发生长,待菌落直径达4～5厘米时要进行翻堆、散堆,改墙式为"井"字形堆,高8～10层,便于通风。并检查有无杂菌污染。将接种孔侧向排放,以增加通透性,促使菌丝体加快生长。

(三)刺孔通气

当菌丝体生长到2/3袋或快满袋时,用铁钉耙在菌袋上刺孔,增加菌袋的通透性、补充新鲜空气,让菌丝体进一步生长、分解木屑、贮备养分。气温较低时,刺孔要稍深、深度为3厘米左右。气温高时,要采取浅层刺孔、刺孔深度为1厘米左右。由于刺孔后增加了透气性,菌丝体生长速度加快,会产生生物热、袋内温度升高。此时,要将菌袋呈"井"字形或"△"形码放,同时加强通风换气,降低袋内温度。

第四章　食用菌林下栽培技术

林下栽培食用菌，可以根据经济状况和技术水平选择合理的菌种类型、栽培模式，得到最佳收益。本章重点介绍各种适宜在林下栽培的食用菌栽培管理技术，其茬口衔接情况依菌种类型不同衔接时间上有所变化，主要规律差异不大。食用菌有高温食用菌和低温食用菌之分，只要在合理的时间选择适宜的种类，掌握相应的管理技术，就可以实现周年化栽培，实现效益最大化。

在华北地区，将 1 年大致划分为 4 个阶段：3～6 月、7～9 月、10～11 月、12 月至翌年 3 月。不同阶段选择不同菌种（区域不同时间稍有差异）。如 6～9 月的高温期选择高温食用菌（高温平菇、高温香菇、黄背木耳、毛木耳、草菇等），寒冷阶段选择低温食用菌（低温平菇、鸡腿菇、杏鲍菇等）。合理安排茬口，根据其特性采用适当的栽培措施，做好出菇、采收、栽培管理等工作。待夏季高温品种出菇结束后，在 8～9 月份发展鸡腿菇或其他低温食用菌。鸡腿菇（或其他低温食用菌）覆土栽培，出菇至 11 月份，进入冬季，温度降低，停止出菇。翌年 3 月气温回升，继续出菇。或在 10 月中旬之后发展低温平菇生料栽培，出菇至翌年 3 月。鸡腿菇、平菇等出菇结束后可改换其他适宜品种，继续栽培管理。

林下栽植食用菌全年均可发展，实现周年化生产。

第一节　平　菇

平菇〔*Pleurotus ostreatus*（*Jacq. ex Fr.*）*Quél.*〕隶属担子菌亚门，层菌纲，伞菌目，侧耳科，侧耳属。性味甘、温，肉厚质嫩，味道鲜美、营养丰富。富含硒、多糖体，含有多种维生素及矿物质、18

种氨基酸等。具有追风散寒、舒筋活络之功效，可缓解腰腿疼痛、手足麻木、筋络不通等症。常食可增强机体免疫力，改善人体新陈代谢，减少血清胆固醇、降低血压、预防肝炎、胃溃疡等。

平菇品种繁多、适应性强。按照品种对温度的要求，可分为高温型、低温型、广温型等类型。平菇栽培广泛，全国各地均有栽培。

一、生长发育条件

(一)营　养

平菇是异养型木腐菌，分解纤维素、木质素、淀粉等有机大分子的能力相当强，生物转化率高。生长可利用的营养很多，木质类的植物残体和纤维质的植物残体都能利用。人工栽培时，以棉籽壳、玉米芯、棉秆、大豆秸产量较高，其他如木屑、稻草、麦秸等也可利用。

(二)水　分

平菇子实体含水量在90%左右，在生长发育过程中需要大量的水分。培养料含水量一般要求60%～65%，高于70%或低于50%均不利于平菇菌丝的生长。空气相对湿度在75%～85%时子实体生长迅速、茁壮。生料栽培常采取偏干发菌、出菇期补水的方法，以避免霉菌侵染。

(三)温　度

平菇菌丝的生长温度通常在15℃～33℃，最适温度为22℃～26℃。子实体生长的温度：低温型为10℃～15℃，中温型为16℃～20℃，高温型为21℃～26℃。菌丝生理成熟后在适宜的温度范围内，昼夜温差越大越容易诱发平菇原基的形成。除高温型的特殊种外，多数种的子实体形成和生长适宜温度为10℃～20℃。在这个范围内，温度越高子实体生长越快、菌盖越薄、质地较脆。

(四)空　气

平菇是好气性真菌。菌丝生长阶段，二氧化碳浓度为20%～30%时刺激菌丝生长，高于30%时菌丝生长才会受到抑制。子实体的生长发育需要充足的氧气，当空气中二氧化碳浓度超过0.1%时则导致菇密、形成菇盖很小的“大腿畸形菇”或者萎缩死亡。所以，出菇阶段要注意通风换气，否则就不易形成正常的子实体。

(五)光　照

平菇对光照强度和光质要求因不同生长发育期而不同。平菇菌丝生长可以完全不需要光线。子实体的发生和生长发育阶段均需要散射光，特别是子实体原基形成期。光照不足，子实体只能形成菌蕾，或只长出瘦弱细长的菌柄，或者萎缩死亡；但在阳光直射下，也不能形成正常的子实体；只有在散射光的刺激下，才能使子实体的分化和生长正常。平菇菌盖的颜色与光照强度密切相关。如果光照不足，色泽偏浅。

(六)酸碱度

平菇喜偏酸性环境。平菇菌丝生长的适宜pH值为5.4～6。在实际栽培中，栽培基质常加入生石灰或过磷酸钙进行调解。熟料栽培时灭菌前的pH值可为7.5左右，因为灭菌后pH值会下降，以抑制霉菌的孳生，确保发菌成功。

(七)其　他

平菇子实体生长发育过程中，对空气中的一氧化碳、硫化物、乙炔等不良气体敏感。当空气中这些物质浓度较高时，子实体生长停滞、畸形甚至枯萎。

二、栽培时间

平菇可分为高温型、低温型、广温型等类型。在林下栽培，不同类型、不同方式栽培平菇时间不同。高温型春种夏、秋出，广温型夏种秋出，低温型最好在暖棚栽培。

三、栽培方法与管理

林地平菇栽培是在林下拱棚内，可以采用垛式栽培、叠放式栽培、畦式栽培、立式栽培等模式。由于畦式栽培所获鲜菇含水率高，货架寿命短，菇片向上伸长、朵形不紧凑，运输极易破碎，基部沾附泥土，加工价值低；立式栽培菇产量较低。故在此重点介绍林下平菇垛式或叠放式栽培。

平菇可进行生料栽培、发酵料栽培和熟料栽培。生料栽培是指原料与辅料混合加水拌匀后直接进行装袋播种或是原料经发酵后进行装袋播种的栽培方式。生料栽培没有基料堆酵的过程，直接在生料上接种发菌，营养没有损失，方法简便易行，但易感染杂菌、影响出菇，适宜秋、冬季节的平菇栽培。发酵料栽培是采用培养料堆置发酵，播种培养。熟料栽培是原料必须经过常压或高温灭菌，而且灭菌后采用无菌接种的栽培方式，适宜高温季节的平菇栽培。

（一）生料栽培

1. 基质配方与培养料处理

（1）基质配方　生料栽培应用广泛，宜选用抗逆性强的广温型品种或低温品种，菌种用量要高于熟料和发酵料。播种量一般为生料的10%～25%。林下栽培季节应选择气温较低、湿度较小的秋天、春天。北方地区林下可在8～10月、4～6月栽培出菇。

配方一：棉籽壳250千克，过磷酸钙5千克，石膏粉4千克，尿素0.75千克，克霉灵5袋，食用菌三维营养精素1袋。为调整基料酸碱度，可加入石灰粉2.5千克。

配方二：棉籽壳500千克，麸皮25千克，石灰15千克，营养素10袋（0.5千克/袋），三十烷醇3瓶，克霉灵10袋。

（2）生料处理　用于生料栽培的各种主、辅培养料，均要求新鲜、干燥、无霉变(最好用当年新收的原料)。在使用前要在阳光下暴晒2～3天,以减少杂菌污染机会和提高基质的吸水率。材料准备就绪后即可开始拌料。按配方将培养料混合均匀后按干料重的0.1%～0.2%喷洒水雾,边喷边翻拌。石膏粉、过磷酸钙应先与干料拌匀后再加水搅拌;尿素应提前溶于水;食用菌三维营养精素溶于水后均匀喷洒在加水拌匀的主、辅料中,避免与碱性物质直接混合。料水比为1∶1.1～1.3。以上配方不可使用敌敌畏、乐果等药物处理。

(3)发酵料处理　主、辅料按比例混合好,可溶性药剂溶于水备用,料水比按1∶1.3～1.5的比例进行拌料,原料拌匀后根据原料的多少堆成圆锥形或长梯形、高约1米,堆上均匀分布做好透气孔,用薄膜覆盖。当堆温达到60℃以上时,进行第一次翻堆,然后重新覆膜升温,这样反复3～4次促使培养料发酵均匀,以料面布满白色的放线菌丝为宜、6～10天即可。发酵好的培养料气味正常,不发酸、不发臭、不发黏、无霉变,湿度适中。翻料过程中如果出现缺水现象要及时补水,以保证培养料的含水量。

2. 装袋播种　生料和发酵料装袋方式相同。选择一端封好口的聚乙烯折角平菇生料袋,规格22厘米×55厘米、厚度为0.01～0.015毫米。通常采用人工装袋,每袋可装干料1.5～2千克。一般采用分层装料接菌的方法。通常每袋料中播3～4层菌种,先将培养料装入一部分,压紧后放一层掰成小块的菌种,菌种尽量放在袋的四周,再装入一层料。播一层种,接着按相同的办法装第二层和第三层培养料,最后一层菌种上放2～3厘米的料。装到离袋口7～8厘米时,用尼龙绳系好口。要注意在袋的两端多放些菌种、中间少放一点,这样袋口的菌种多,利于发菌,菌丝生长快,不易孳生杂菌。装袋完毕后扎好袋口,用直径2～3厘米的木棍在袋的中间纵向扎一通气孔、确保扎透。播种量以干料的10%～15%为宜。

3. 发菌培养　生料栽培最关键的环节就是发菌。重点是保证发菌期间避免光照，不允许强光直射；控制温度，注意通风换气，促使菌丝生长健壮。

生料发菌在20℃以上的气温下极易发生杂菌污染。装袋播种后根据气温高低，可以将袋子平放在地面上、垒菌墙或放在架子上发菌。低温季节常把菌袋堆放数层，垒起菌墙，堆放层数据培养环境的气温来定。气温低可适当增加堆放层数，一般在室温5℃～10℃堆放3～4层，在10℃～15℃可堆放2层，15℃以上不堆放。在发菌初期（装袋后12天内）应及时翻堆，每天翻1次。棒内温度不能超过36℃。高温时加强通风，以防料温升高过快、过高，烧死菌种或引起杂菌污染。12天后进行倒垛，每隔1天翻1次，使菌棒发菌均匀。待料温较稳定时，可堆放较高的菌墙。翻堆的次数据菌袋堆放的层数和环境温度而定。倒垛后若棒内温度降低，可并垛或采用薄膜覆盖措施，提高温度促进菌丝生长。25～30天菌丝就可以长满菌袋，菌棒变白发硬。在林下发展广温型平菇，需要在7～8月份发菌，菌棒要平放在地面上不再堆放。

4. 出菇管理　大约在8月下旬，将发好菌的生料菌棒移放林中，很快进入子实体生长阶段。这个阶段的管理关系到产品的产量和品质。温度、湿度、水分及光照条件的合理调整至关重要。天气转凉后若出菇不完全，可转移到暖棚内继续出菇。

菌棒入棚后采用垛状摆放，垛底用土堆成高15厘米、宽50厘米、长2.6米平台（棚内横向排放），用薄膜覆盖。菌棒摆放在薄膜上，每层2排，菌棒底部相接，扎口部朝外，依次往上码，共码6层，每两层之间用2～3根小木条隔开以便通气，垛与垛间隔90厘米左右以便操作。

菌丝长满后通过喷水及掀帘、掀膜等方式控制温度低于20℃，并形成较大温差，以利于刺激子实体原基形成。原基形成后温度在20℃～25℃时，子实体生长较好。温度过低子实体生长慢，但菌盖肥厚；温度过高，子实体生长快，菌盖薄且纤维多，品质下降。空气相对湿度控制在 90%左右。当菌棒内有菇蕾原基产生时，将菌棒扎口松开，菌棒袋向外翻卷，露出菌面即可。

子实体形成初期，空间喷水雾加湿，少量多次，保持地面湿润不干燥；当菇蕾分化出菌盖和菌柄时，喷水注意少喷、勤喷并呈雾状。当菇体菌盖长到 1～2 厘米时，可直接向菇体喷水。但要控制水压，压力较大不要近距离喷向菇体。

子实体形成期要给予一定的散射光，但要避免阳光直射，通常以能看报纸的光线即可。生长期间呼吸作用增强，需大量氧气。原基形成初期抗逆性较弱，不能立即进行通风。随着菇体生长，要加强通风换气。但既要保障空气流通，又要保证一定的温度。

5. 菇体采收与采后管理 在适宜的条件下，平菇从原基长成子实体需 5～10 天。菇体发育成熟后即菌盖边缘尚未完全展开、孢子未弹射时采收。此时菌盖边缘韧性好、破损率低，菌肉厚实肥嫩，菌柄柔软、纤维素低，产品外观好，经济价值高。

采收前 2～4 小时要喷 1 次水，使菌盖保持新鲜、干净、不易开裂。但喷水不宜过大。采收时可用一手按住菇柄基部的培养料、另一手捏住菇柄轻轻扭下，避免将培养料带起。正确采收平菇不仅能够保证收获质量，也有利于下茬菇的发生和管理。采完一潮菇后用镊子、小刀或小铁钩子去掉残留在培养料表面的菇柄。用干净的粗铁丝在料面上来回拉动进行搔菌，然后压实。清除袋料两端的菇角和老菌丝，这时培养料的含水量应补足到 65%左右。然后停止喷水 2～3 天，让菌丝充分恢复并积累养分。3～4 天后喷水并覆盖保温、保湿，空气湿度适宜时一般 10 天左右出现第二茬蕾菇。

平菇栽培原则上可采收 5～6 潮菇，生产上一般采收 3～4 潮菇（菌棒废料可作他用，如用于鸡腿菇培养料）。当平菇出完 2～3 潮菇后菌袋因缺水而变软，大部分营养物质被消耗，pH 值也会因新陈代谢物的产生而有所下降，出菇变得稀少。若再进行催蕾也能出菇，但菇体小且不齐，转潮次数虽多经济效益低下。因此，要想进一步提高产量，就必须补充养分、水分等，甚至改变出菇方式。常采用菌袋浸泡补水、注水器补水、覆土补水补营养等方法进行。可喷营养液（糖 1%、尿素 0.4%、磷酸二氢钾 0.2%、石灰 0.2%），每潮菇喷 2～3 次（喷在料面），既补充营养又诱导新菇形成。

（二）熟料栽培

高温品种的平菇普遍采用熟料栽培，可以有效减少杂菌污染、提高产量和品质。熟料的营养料主料主要是富含木质素、纤维素、半纤维素的棉籽壳、玉米芯、黄豆秸等，辅料为麸皮、玉米面等。

1. 基质配方

配方一：棉籽壳 92%，过磷酸钙 2%，蔗糖 1%，石膏粉 2%，石灰 3%。

配方二：棉籽壳 50%，杂木屑 30%，麦麸 15%，石膏粉 2%，石灰 3%。

配方三：玉米芯 75%，棉籽壳 20%，石膏粉 2%，石灰粉 3%。

配方四：麦草糠 81%，麸皮 10%，玉米粉 4%，钙镁磷肥 2%，石膏粉 1%，石灰 2%。

配方五：棉籽壳 52%，麦草糠 40%，麸皮 5%，钙镁磷肥 1%，石灰 2%。

配方六：玉米芯 80%，麸皮 11%，玉米粉 4%，钙镁磷肥 2%，石膏粉 1%，石灰 2%。

配方七：棉籽壳 80%，玉米面 2%，麦麸 15%，其他原料 3%。

夏季配料适当增加棉籽壳、碎木屑的比例，保障透气性。可选用配方一、配方二和配方七。

2. 培养料配制　将主料棉籽壳、玉米芯等倒入拌料场成堆，把辅料麦麸或玉米粉等从堆尖均匀往下撒开，并把石膏粉、石灰粉均匀撒向四周，撒完这些干料后先搅拌均匀。然后把可溶性的添加物如蔗糖、过磷酸钙等溶于水中，喷洒入干料中混匀。

加入适量水搅拌均匀，再将摊开的料用锨重新整成料堆、反复搅拌 3～4 次，最后把拌匀的料堆积防止水分蒸发。灭菌前培养料酸碱度控制在 pH 值 8～9。料水比控制在 1∶1.1～1.2，含水量 60％～65％。可用手握紧培养料，指缝间有水溢出但不下滴；伸开手指，料在掌中能成团，落地即散，则含水量适宜。

3. 装袋、灭菌及接种 塑料袋规格为 15 厘米×55 厘米聚乙烯筒袋。装袋、灭菌和接种参照第三章操作。菌种要选用适合当地气温条件的优质菌种，菌龄控制在 25～30 天。适龄菌种表现为菌种瓶内菌丝浓密、洁白度一致、长势均匀，闻之有平菇香味，按之有弹性，生活力强。

夏季生产选高温型菌种，目前应用于生产的有 2016、HP-1、侧 5、高平 88、亚光一号、西德 33、588、九华、191 等。

4. 发菌培养 此过程在菌棒生产厂完成（详见第三章）。菌袋堆叠按“井”字形横直交叉。注意菌袋不要堆叠过高，避免最下层会压扁或破袋。

接种后的菌袋，入室前 3 天为发菌期，菌种块的菌丝正处于恢复和萌发阶段，其菌温一般比室温低 1℃～2℃。此时室内温度宜掌握在 27℃左右，若气温低于 20℃，采用薄膜覆盖菌袋使堆温提高，满足菌丝萌发的需求。

接种后 4～8 天，接种处四周出现白色绒毛状菌丝时说明已定植发育；此后生长迅速，室内温度调节在 25℃左右。当菌丝培养 10 天后菌丝已处于旺盛生长状态，该阶段温度宜在 23℃～24℃，要特别注意防止高温。及时调整堆形，疏袋散热，抑制堆温，降低菌温。菌袋培育期，结合调节温度通风换气。气温高时选择早晨或夜间通风，气温低时中午前后通风。袋堆大而密时多通风，菌温高时勤通风。除了打开所有门窗使空气对流外，在高温期可采用电风扇排风，加大空气流量、降低温度。

菌袋培养阶段，培养室宜干不宜湿。在菌袋培育期间不论何种情况都不可喷水。菌袋培养忌光宜暗，门窗应挂草帘遮光，但要注意通风透气。

菌袋在室内培养期间要翻堆2～3次。第一次在接种后6～7天，以后每隔7～10天翻堆1次。翻堆时做到上下、里外相互对调。使菌袋均匀地接触光线、空气和温度。翻堆时要轻拿轻放，注意保护好接种口。翻堆时认真检查杂菌。料面上出现斑点、块状物，以及红、绿、黄、黑等颜色，都属于杂菌污染。初期可注射氨水、酒精、甲醛溶液等灭菌。如果斑点遍布，则要破袋取料，拌4%石灰溶液，闷堆1夜，摊开晒干，重新配料，装袋灭菌，重新接种培养。

5. 出菇管理 接种后经过20～30天的培养，当菌丝长满整个培养料，即为成品菌棒，可以入林进行出菇管理。

春末夏初的高温季节，5月1日前后，将发好菌的熟料菌棒移放林中，培养出菇。经灭菌后的熟料菌棒可以选用立式中型棚叠放栽培，培养出菇。摆放方式同生料栽培。出菇期重点把握好以下3点。

(1)拉大温差 平菇属变温结实，在保证温度22℃～26℃，空气相对湿度85%～95%的情况下，加大温差有利于出菇。早、晚气温低时加大通风量，降低温度，拉大昼夜温差。气温达到20℃以上时，采用加强通风和进行喷水降温的方法刺激出菇。

(2)水分管理 当菌丝布满料面6～7天、并露出菇蕾后，夜间采取地面浇水，棚间喷雾，加减通风量，调节适宜平菇生长的温、湿度和温差。当菌棒内有菇蕾原基产生时，将菌棒扎口松开，菌棒袋向外翻卷，露出菌面即可。当菇蕾分化出菌盖和菌柄时，喷水要少喷、细喷和勤喷，并呈雾状。每潮菇后清理死菇、病菇和烂菇。出2潮菇后出现小菇蕾时，喷营养液50毫升(味精5克、维生素B 10克、尿素15克，溶于20升水中)。每潮菇喷2～3次(喷在料面)，既补充营养又诱导新菇形成。在采收1、2潮菇后，菌袋内水分低于60%时，需要给菌袋补水，可直接向袋内注水或用水浸泡，浸泡时用铁丝在菌袋上扎3～4个孔，使水易于浸入菌袋。

（3）通风换气　多在早、晚进行，低温时1次/天，中午喷水后进行；气温高时，2～3次/天，每次20～30分钟，要避免让风直接吹到菇体上，使菇体失水而边缘外翻。

（4）增强光照　增加散射光，诱导早出菇、多出菇。以棚内有“三分阳、七分阴”的光照为宜，不能有直射光，以免晒死菇体。

6. 菇体采收与采后管理　在适宜条件下，从子实体原基长成菇体大约1周。当菌盖充分展开、菌盖边缘出现波状时（菇体发育成熟度80%）及时采收。采收方法同生料栽培。同样，采菇后清理料面，剔除死菇、菇根及杂物等，保温保湿，让菌丝充分恢复。头潮菇采后停水2天、喷水1次，经7～10天有菇蕾出现时，再按出菇要求管理。每潮菇采收后应清除料面老化的菌丝，检查其培养料的湿度。一般出菇后水分减少。当料中含水量少于40%且不能出菇时，应将栽培袋浸入水中8～12小时使其含水量达60%～70%。捞出栽培袋，再次堆放后按发菌管理，使菌丝恢复生长、累积营养。经6～8天后进行催菇，促其出菇。

（三）发酵料栽培

选择无霉变、无雨淋、无害虫、不结团的棉籽壳、玉米芯、黄豆秸等作主料，麸皮、玉米面等作辅料。原料没有农药残留，重金属含量不超标。配料前先将主料暴晒2～3天。

1. 基质配方　参考生、熟料栽培。

2. 培养料配制　同生料栽培。

3. 培养料发酵及装袋　将拌好的培养料堆成宽1～1.5米、高1～1.5米、长度不限的料堆进行高温发酵。料堆表面拍平后用木棒隔30厘米从堆顶直达底部打孔，通气发酵。覆盖塑料膜，下部留出缝隙。当料堆25厘米深处温度超过50℃以上时，第一次翻堆。当料堆25厘米深处温度达60℃～70℃时，每天翻堆1次，每次翻堆后打通气孔，并加盖塑料膜。全部发酵过程历时6～8天，翻堆3～4次。发酵结束，散堆降温，调节pH值为7～8。

装袋时先将一端口扎好，在袋内装1厘米厚菌种、装10厘米厚的培养料，压实撒上一层菌、再装一层培养料、再撒一层菌种，轻压菌种与培养料紧密接触，捆扎袋口。接种量一般为干料的10%～15%。靠近袋口处要多撒一些菌种，使平菇菌丝优先生长、杂菌难以孳生。料要尽量装实，以手托中央菌袋不变形为宜。

4. 发菌期管理　将装好的菌袋移入培养室，避光发菌。接种3天后用消毒的木棒(直径1厘米左右，用75%酒精或0.1%高锰酸钾溶液消毒)，从菌袋一头穿透到另一头打通气孔，以利于正常发菌，并检查杂菌及时清除。根据发菌期的气温不同、菌袋堆积不同的层数(参考熟料栽培)，菌袋内温度保持在20℃～24℃、空气相对湿度保持在65%。发菌期每隔7天翻堆1次，并随时检查杂菌及时处理。培养30天左右，菌丝布满全料。

5. 出菇管理　当菌丝布满整个培养料后将塑料袋口打开，移入林下拱棚内进行出菇管理(参考生料栽培)。棚内增加湿度，提高昼夜温差。切忌直接向子实体喷水，以免造成烂蕾死菇。适时采用微喷系统，使棚内相对湿度维持在90%左右。若棚内温度超过25℃，中午通风。温度低，早、晚通风。通风一般在棚两头及侧边进行。

6. 菇体采收与采后管理　菇体发育达七八成熟后适时采收。采收完1～2潮菇后可去掉两端老菌丝和残留菇蕾。若袋内水分或营养不足，可浸泡或添加营养液(见生、熟料栽培)。

第二节　香　菇

香菇〔*Lentinus edodes* (Berk.)Sing.〕又称香菌或冬菇。隶属于担子菌亚门，层菌纲，伞菌目，白蘑科，香菇属(斗菇属，微香菇属)。香菇分布广泛,因其特有的香气备受民众喜爱。鲜香菇含水量85%~90%。固形物中含粗蛋白质19.9%,粗脂肪4%,粗纤维7%,无氮浸出物67%。此外,还含有钙、磷、铁、B族维生素、烟酸等。香菇性平、甘,含抗肿瘤成分——香菇多糖,含降低血脂的成分——香菇素,以及抗病毒成分——双链核糖核酸,是不可多得的保健食品。

香菇在世界各地均有栽培,我国湖北、湖南、广东、广西、浙江、福建、台湾、安徽、江西、河北、河南等省、自治区均可栽培发展。

一、生长发育条件

香菇是一种木腐菌,其适宜生存环境与其他食用菌相似,也需要合理的营养、水分、温度、光照、空气和酸碱度等。

(一)营　养

香菇需要的主要营养成分是碳水化合物和含氮化合物、少量的无机盐、维生素等。香菇可以利用包括单糖类、双糖类在内的广泛碳源,最易利用为单糖类,双糖类次之,多糖类则几乎不能利用。蔗糖浓度为8%时子实体发育非常好。香菇菌丝营养生长阶段,碳源和氮源的比例以25~40∶1为好;在生殖生长阶段,适宜的碳氮比是60∶1。含氮化合物主要为有机氮和铵态氮。在培养料配制过程中,不要盲目增加碳源和氮源。碳源过多,易使培养料酸碱度下降过快、造成烂棒;氮源过多则会造成菌丝徒长,不利于过渡至生殖生长阶段,同时易产生大量的畸形菇。

香菇菌丝生长需要镁、硫、磷、钾,还需铁、锌、锰3种元素同时存在。此外,菌丝的生长发育必须吸收维生素B_1,腺嘌呤和胞嘧啶可以促进菌丝的生长。

(二)水　分

外界营养物质只有溶解在水里,才能被香菇的细胞吸收;代谢产物也只有溶解在水中,才能排出体外。短期缺水香菇菌丝处于休眠状态，长期缺水菌丝死亡。在不同发育阶段，香菇对水分的要求不同。

在适宜温度下，孢子在水中或培养液中萌发率达 80%～100%，锯木屑培养基中菌丝体生长的最适含水量为 55%～60%。子实体的生长发育也需要适宜的水分，水分过高或不足都不能得到优质香菇。

菌丝生长阶段，空气相对湿度以 60%～70%为宜。空气相对湿度 80%～90%有利于出菇。

(三)温　度

香菇担孢子萌发的适宜温度为 22℃～26℃，对高温的抵抗力弱，对低温的抵抗力较强。香菇菌丝发育的温度为 5℃～32℃，最适温度 24℃～27℃。低温菌丝发育缓慢，超过 25℃菌丝生长速度迅速下降。

香菇是低温和变温结实性菇类。给予温差、湿差刺激可促使香菇整齐发生。香菇原基在 8℃～21℃条件下分化，在 10℃～12℃条件下分化最好；子实体在 5℃～24℃范围内发育，8℃～16℃为最适。

低温品种在低温条件下菇体质量好、而高温品种则在高温条件下出菇良好。同一品种，在适温范围内，较低温度(10℃～12℃)子实体发育慢、质量好、不易开伞，多出厚菇；在高温(20℃以上)条件下香菇发育快，质量差、质地柔软、易开伞，多出高脚薄菇。在恒温条件下，香菇菌丝可形成“爆米花”状原基，但不能发育成子实体。

(四)光　照

香菇是需光性真菌。但在菌丝生长阶段完全不需要光照，在黑暗条件下生长最快。子实体的分化和生长发育则需要光照。分化后的原基在暗处会徒长，盖小、柄长、色淡、肉薄、质劣。菌丝培养的中后期，需要给予一定的散射光。

(五)空　气

香菇是好气性真菌,需要足够的新鲜空气。空气不流通、氧气不足,香菇菌丝的生长和子实体发育受到抑制并导致死亡。

(六)酸 碱 度

菌丝生长的最适 pH 值为 5～6。适宜香菇原基形成和子实体发育的 pH 值为 3.5～4.5。

以上条件综合性对香菇发生作用。在营养条件完全满足的情况下,进入出菇阶段的主要因子是水分、温度和光照。当原基形成之后通风换气,给予低温、变温刺激,适当的相对湿度和光照,决定了原基能否继续发育长大。因此,在实践中,应尽量提供最适于香菇菌丝和子实体生长发育的环境条件,以得到最高的产量和最好的质量。

二、栽培时间

林下发展香菇的季节一般选在 12 月至翌年 3 月装袋接种,生产菌棒。此时气候寒冷干燥、空气较洁净、杂菌少,可以减少污染机会,提高成功率。1～5 月份为发菌培养阶段,出菇期在 5～9 月份。菌棒在 5 月 1 日前后出菇,确保发菌期气温较低、转色期处于最佳的温度,保证正常转色出菇。

三、栽培方法与管理

林下发展香菇多采用熟料(高温灭菌的菌棒)栽培,是以硬杂木屑、棉籽壳等培养料为主料,以麸皮、米糠等为辅料,装入塑料袋内发菌出菇。

此外,夏季生产必须选择高温型品种,如适应性好、耐高温出菇的武香 1 号、931 等品种。

(一)原料选择与配方

栽培香菇要选用栎树、苹果、桃等硬质木屑,不能有木片、木条等。加入的辅料调节碳氮比、增加营养,主要用麸皮或米糠,要求新鲜,无霉变、虫蛀。米糠要用不含粗壳的细糠。石膏宜细,工业用石膏也可以使用。

配方一:木屑83%,麸皮16%,石膏粉0.8%,石灰0.2%。

配方二:麦麸18%,棉籽壳20%,硬杂木屑50%,细木屑(杨木、柳木)10%,石膏粉2%。

配方三:杂木屑78%,麦麸20%,糖1%,石膏粉1%。

配方四:木屑78%,麸皮20%,石膏1%,石灰1%。

配方五:木屑77%,麸皮15%,玉米粉5%,石膏1%,石灰1%,过磷酸钙1%。

在以上培养料配方中,石膏粉是调节酸碱度的缓冲剂,具体用量可随温度的变化作适当调整,通常用量为0.8%～2%。温度高时微生物活动量大,培养料酸碱度容易变低,石膏用量可适当增加;反之,可适当减少。

培养料配制要做到"一准、二匀",即称量准确,原辅料搅拌均匀、料水均匀。将木屑和麸皮、石膏粉等按需要量称好,先将其干料混匀。其他辅料溶于水中,然后分别加入木屑干料中,用搅拌机搅拌均匀。料水比1∶1.2～1.3。培养料含水量控制在55%左右,防止过干过湿。

(二)装袋灭菌与接种

装袋有手工装袋和机器装袋。栽培量大、一次灭菌达到1 000袋以上的最好用机器装袋,一台装袋机1小时可装1 200袋、效率较高。无论哪种装袋,都要求装好的料袋均匀一致,手捏时有弹性不下陷。料袋装满后及时扎口。

高温常压灭菌、半开放式打穴接种过程见第三章菌棒工厂化生产。

(三)发菌管理

接种后的菌棒放入培养室培养,培养室保持清洁、干燥、黑暗、通风良好。使用前喷雾消毒，地面撒上石灰粉。按“井”字形排放菌袋，高8～10层。空气相对湿度以55%～65%为宜，宁干勿湿。接种后10～20天，当接种点扩大至5～7厘米时，第一次翻垛；当接种点菌丝基本相连时，第二次翻垛，并根据室温适当降低垛层。当菌丝逐渐长满袋时，菌袋会出现一些瘤状物。此时可在菌袋上刺孔10～15个、孔深1.5厘米左右，增加菌袋供氧量，使菌丝和氧气充分接触，满足菌丝旺盛生长时对氧气的需求。这个阶段在菌棒生产厂完成。此期关键因素是温度和通风供氧。

1. 菌袋温度管理 香菇菌丝在5℃～32℃均可生长，24℃～27℃最适宜，超过30℃生长不良。春栽香菇菌丝生长时间较充裕，接种后菌袋温度在10℃左右即可，不必加温。如果发展稍晚，菌丝生长时间短，则严格控制菌袋温度在24℃～27℃。

2. 通风供氧 菌丝生长后期，呼吸产生的生物热使菌袋温度高时，要加强通风，防止袋温超过35℃，严防“烧堆”。当菌丝长满袋时，第一次扎孔，即在棒表面均匀扎2～4排孔、深2～2.5厘米。菌棒表面如有瘤状物，注意扎孔时不能扎在瘤状物上，而应扎在瘤状物周围。当菌棒由硬变软、有弹性，表面瘤状物面积占总面积的2/3、呈红棕色，菌柱和袋膜之间出现间隙时表明菌棒发育成熟。

3. 定期检查 有感染杂菌的菌袋及时挑出。感染较轻的隔离存放培养，用20%甲醛溶液或5%石炭酸溶液注入杂菌侵染部位予以消毒控制；感染较重集中掩埋，使杂菌菌丝无法生长而死亡。

(四)转色管理

转色管理可在林下进行。当菌袋上的凸起由硬变软后在不脱袋的条件下菌袋变为棕褐色，此为转色。不脱袋转色的条件是菌棒发育必须达到生理成熟，温度保持20℃(不超过25℃)、温差要小，空气相对湿度为80%～85%、湿差大于5%，散射光为100～300勒(克斯)。转色期间菌丝开始分泌无色透明的水珠，逐渐变成淡黄色,后变成棕褐色。温度高时分泌多,低时分泌少。通常对褐色的汁液要及时排除,否则会造成烂袋影响出菇。转色期间可以进行第二次扎孔,目的是排废气、增氧、调水分、放出黄水,使菌柱和袋膜脱离。转色的优劣,直接影响出菇快慢及质量好坏和产量的高低。转色嫩时出菇早、出菇密、菇质差,转色老时出菇迟、出菇少、菇质好、有后劲。转色期温度以18℃～22℃为好,适当通风。空气相对湿度保持80%～90%为宜,菌袋内含水量在50%～55%,散射光照。

林下转色可将菌袋从发菌室移至树行间阴凉处,码4～6层,遮盖1～2层遮阳网,让自然风吹。遇到下雨时,上面加盖一层塑料膜即可。当绒毛状菌丝倒伏分泌色素,由白色转为粉色逐渐为茶褐色,转色基本结束。

转色期间不要翻动菌袋,以免两次出现转色,造成转色过厚,不易出菇或不出菇,形成"哑巴"袋。

(五)出菇管理

林下栽培香菇,在小拱棚内立式摆放出菇。出菇是栽培香菇的最关键、最重要的环节。在菇棚内香菇棒转色结束后即可脱袋催蕾。催蕾要求温度控制在16℃～25℃,温差5℃～10℃,保持7天左右,最高温度不能超过28℃;空气相对湿度要高一些、为80%～90%,注意增湿保湿,少喷勤喷、棚膜内有凝结水珠;保持空气清新,通风和喷水相结合。白天菇床盖膜、夜间揭膜通风,并向菇床喷水增加湿度,经5～7天的冷暖、干湿和明暗光线的同步刺激,促使菌丝扭结成原基,使菌皮裂开,露出白色菌丝,见光后变浅褐色并分化为小菇蕾。

通过遮盖物和调节通风强度使棚内温度保持30℃以下;北方地区气候干燥,在出菇期间应注意保湿,早、晚喷水。菇蕾小时轻喷,菇大时多喷,空气相对湿度控制在85%～90%;菇成熟时停止喷水。此外,要加强通风,通风不好易形成畸形菇。去掉周围的遮挡物，使林地通风畅通，形成天然的冷凉环境。

(六)菇体采收与收后管理

香菇在七八成熟，即菇盖基本展开、菇边内卷呈铜锣边、菌膜没有完全破裂、菌褶露出一部分时为采收适期。此时菇形、菇质、风味、色泽等均为最佳时期。早则产量低，晚则开伞质量差。采收时选择晴天，避免空气湿度大时采摘。采收前数小时内不能喷水，减少菇体内的含水量，延长子实体的保鲜时间。采菇时要一手拿菌棒，一手捏住菇柄，先四边摇晃几下，再旋转拧起，不要生拉硬拔，避免碰伤周围小菇蕾。也不要把菇根留在菌棒上，不要碰伤菇盖。采收下的菇要轻拿轻放，及时分选装筐，尽量不要挤、擦、碰、摔，使菇体受伤。第一潮菇采收结束后停止喷水，晾棒 7～10 天后根据菌棒失水情况往菌棒内注水，使菌棒恢复到原始重量。再经以上管理措施，刺激第二潮菇形成。一般可采 4～5 潮菇。

第三节 鸡腿菇

鸡腿菇〔*Coprinus comatus* (Mull ex Fr.)S. F. Gray.〕亦称毛腿鬼伞、刺蘑菇、牛粪菌，商品名为鸡腿蘑。隶属于担子菌亚门，层菌纲，伞菌目，鬼伞科，鬼伞属。

鸡腿菇鲜菇肉质细嫩、味如鸡丝，外形似“鸡腿”，故名鸡腿菇。具有高蛋白质、低脂肪、低热量之特性，色香味俱佳，适用于炒、炖、煲汤，久煮不烂，是市场畅销菇之一。每 100 克鸡腿菇干品中，含蛋白质 25.4％、粗纤维 7.3％、无氮浸出物 58.8％、粗脂肪 3.3％、灰分 5.72％以及 20 种氨基酸(其中有 8 种是人体必需)。鸡腿菇味甘、滑，性平，具有独特的医疗保健功效，可预防动脉硬化、心脏病、肥胖症和痔疮，可提高人体免疫力和抗病能力。所含腺嘌呤、胆碱等生物碱可降低人体血糖水平，是糖尿病患者的优选食品。

野生鸡腿菇世界各地均有，栽培鸡腿菇最适宜地区是我国北方各地。

一、生长发育条件

鸡腿菇是一种生长能力极强的草腐土生菌、好气性真菌，属中温性菇类。其生长发育条件如下。

(一)营 养

鸡腿菇生长所需的营养物质有碳素、氮素、无机盐和生长素等。母种、原种生产见第二章。栽培种所需营养主要从棉籽壳、棉渣、稻草、麦秸、玉米芯、玉米秸、阔叶木屑、麦麸、牛粪、马粪、石膏、石灰等农产品废弃物中获得。

(二)水 分

栽培料中的水分最佳范围为60%～70%，菌丝生长快，长势旺盛。若含水量低于50%，影响菌丝生长；含水量超过70%，造成通气性差，导致菌丝生长缓慢。栽培期间，小环境中的空气相对湿度也非常重要。过低导致栽培料失水过快，过高易受杂菌污染而患病。最佳空气相对湿度为60%～70%。子实体生长发育期间空气相对湿度要求80%～90%。低于70%易使子实体菌盖出现许多鳞片、呈现不光滑，严重者菇干而死。超过95%又易引起细菌性病原菌感染，导致幼菇霉烂而死。

鸡腿菇栽培中，无论是熟料还是生料发酵，直播或脱袋栽培，均需在栽培料上面覆土，而土层的含水量也很关键。通过土层含水量调节小环境中的空气相对湿度，要求土层保持微湿润，最佳含水量18%。水分高易使子实体菌柄变色、出现褐斑，降低质量。

(三)温 度

鸡腿菇菌丝生长适宜温度为7℃～35℃，最适温度24℃～28℃。低温时菌丝生长缓慢，粗壮浓密；高温时菌丝生长虽快、但稀疏细弱，易长成束状菌丝、变色老化。超过35℃或低于6℃，菌丝停止生长。出菇适宜温度为9℃～28℃，最适温度15℃～18℃。

温度合适子实体个大、粗壮、柄长，菌盖洁白短而胖，不易开伞或患病。否则，温度偏低，子实体生长缓慢，个体虽大但菌盖包裹结实不易开伞；温度偏高，子实体生长快，瘦小、柄短细小，盖长而小，组织疏松，子实体不洁白，并有褐色斑点。

(四)光　照

鸡腿菇菌丝生长期间要求光线暗的环境，强光抑制菌丝生长。菇蕾分化时需要弱光，光强 300～500 勒(克斯)，长出的子实体洁白、表面光滑，质量优异。强光照射，易出现干燥，菌盖出现不光滑的褐色鳞片，降低质量。

(五)空　气

鸡腿菇是一种好气性真菌，特别是在子实体生长发育期间需要充足的氧气。二氧化碳浓度太高，促进菇柄生长，抑制了菇盖发育，形成畸形菇，甚至幼菇死亡。结合幼菇管理和气温变化，掀棚通风，提供充足的氧气。

(六)酸 碱 度

鸡腿菇生长的 pH 值范围为 2～13，最适宜值为 6.8～7.2。配料时，可用石灰将 pH 值调至 8～9，因为菌丝生长过程中，会产生有机酸类物质增加酸度。随着生长发育逐渐使培养料的 pH 值趋于适宜范围。

总之，鸡腿菇生长发育中，需要各种条件的配合，只有人为地创造它所需的营养、水分、温度、光照、空气和酸碱度等，才能促其正常生长发育，获得高产、稳产和优质产品。

二、栽培时间

我国北方林地栽培鸡腿菇的时间为 3 月下旬至 5 月上旬或 8 月下旬至 11 月上旬。

三、栽培方法与管理

鸡腿菇有发酵料和熟料栽培两种方式。栽培方法分为菌棒覆土栽培与直播栽培。熟料制作、装袋、消毒、接种、发菌培养详见第三章。现将发酵料栽培和熟料栽培分别介绍如下。

(一)发酵料栽培

1. 基质配方 经几年试验、生产和推广,下述 3 种配方较为理想,供栽培者选用。

配方一:棉籽壳 78%,麦麸 20%,石灰 1.8%,多菌灵 0.1%,磷酸二氢钾 0.1%。

配方二:木屑 30%,棉籽壳 58%,麦麸 8%,蔗糖 1%,石灰 2%,微量元素 1%。

配方三:木屑 60%,棉籽壳 20%,麦麸 15%,玉米面 3%,石灰 1%,磷酸二氢钾和微量元素 1%。

除此,浙江省海盐县农业经济局种子管理站利用采摘过的无污染食用菌废料再次栽培鸡腿菇获得成功。配方如下。

配方四:棉籽壳 24%,平菇废料 60%,麦麸 10%,玉米面 3%,石膏 1%,石灰 2%。

配方五:棉籽壳 20%,草菇废料 62%,麦麸 15%,石膏 1%,石灰 2%。

配方六:棉籽壳 10%,金针菇废料 62%,麦麸 15%,石膏 1%,石灰 2%,米糠 10%。

2. 培养料发酵 入林地前 30 天,进行生料发酵。选择一块干净的平地,进行地面消毒与杀虫。将磷酸二氢钾用水稀释,拌入棉籽壳和木屑中,拌匀后用手将料握起,以滴 3～4 滴水为度,堆成宽 1 米、高 1～1.2 米、长不限的料堆。在料堆中间打几个孔,通风和加快发酵,闷堆 7～10 天。在堆中间插一支温度计,当堆温达到 65℃左右时开始翻堆,翻 3～4 次发现料堆中间无白心时说明已吃透水可以拌料。拌料前将辅料麦麸、石灰、多菌灵等拌匀后再与主料混匀。全料含水量达到65%。加减石灰将pH值调至7～8。当料质松软、富有弹性,发酵完毕,可以装袋或铺入林地畦床。

3. 品种选择 市场上鸡腿菇品种多,应选用发菌快、适温广、出菇早、产量高并适应培养料栽培的品种。河北省廊坊市农林科学院几年来常用的品种是江苏省天达食用菌研究所培育的CC900和纯白978。CC900出菇温度为13℃～32℃,菇体洁白、鳞片少、个大均匀,产量高,菌柄短粗,抗鸡爪菌能力强,可采摘4潮;纯白978,出菇温度10℃～32℃,菇体中等纯白、鳞片少,多丛生,产量高。

4. 菌棒覆土栽培

(1)装袋、接种 当堆积的发酵料温度降至28℃开始装袋(塑料袋规格22厘米×55厘米),先将栽培种(经母种繁育后的栽培种,其过程详见第二章)袋剥开,掰碎菌种块,其大小如同蚕豆或红枣。将空袋一头扎紧,放入第一层菌种,上面放一层8厘米厚发酵料,再放一层菌种,再放发酵料,最后一层放菌种后扎口,共放4层菌3层料(中间菌种放在袋的周围)。也可以随机接种,一边放发酵料一边放菌种,但菌种之间距离不超过6厘米。两种接种方法的关键是菌料比为1∶5,装料松紧要适宜。

(2)发菌管理 接种好的菌袋放在大棚内堆垛发菌(详见第三章第三节)。室温20℃～25℃,空气相对湿度70%左右,不需要光照,黑暗利于菌丝生长。每隔8天翻垛1次,做到上下、里外、侧向相对调,以便菌袋通风换气均匀、发菌平衡。翻垛过程中将发菌不好和有污染的菌袋全部挑出。经20～25天培养,菌丝长满菌袋,便可入林下栽培。

(3)林下畦床制作 在林下行间做畦床,畦宽1.5米、长度依林而定、畦深40厘米,畦床做成龟背形,用3%石灰水浸畦床和四周,在畦四周挖一圈浅沟以利于排水。为了保温、保湿在畦上搭一个小拱棚(搭建方法见第一章)。

(4)菌棒入畦　入畦前在畦底撒一层石灰或喷5%石灰水,四周土埂上喷多菌灵或高锰酸钾1000倍液。将发好菌的菌棒脱袋后卧放在畦床上,注意轻拿轻放,以免弄碎菌棒,菌棒间距2～3厘米。将备好的覆土盖在菌棒上、厚度3～5厘米,空隙间用覆土充实填满。覆土后用水浇透,再覆土找平,最后覆上小拱棚的塑料膜。

5. 直播栽培

(1)菌种直播　播种前畦面处理和畦周围杀虫灭菌均同于脱袋栽培。畦床内拍实后浇水或畦底铺一层地膜后再上料播种。播种方法很简单。铺一层发酵料、厚度5厘米,铺平稍加压实,铺上第一层栽培菌种(同脱袋栽培的菌种),将菌块掰成蚕豆大小块,均匀摆放在料面上(菌块之间不超过6厘米)。再铺第二层料、厚度10厘米,上铺第二层菌种。第三层料厚5厘米,最后铺第三层菌种。播种量是发酵料的20%,第一、第二层各占总菌量的30%,最上层为40%。播完种,用消过毒的木板拍平压实,并用1厘米粗的木棒打孔通气,孔距15厘米,插1支温度计于料内,观察料温。最上层铺一层薄料,再盖一层报纸或黑色薄膜保湿。

(2)发菌管理　接种后小拱棚内温度控制在22℃～28℃,高于或低于该温度范围均要采取措施。播种后第四天开始,每天要掀膜通风1次(时间依据棚内温度,温度高在早晨或傍晚通风,温度低在中午通风),每次1小时,以排废气。经20～30天培养,菌丝即可吃透培养料。

(3)覆土　鸡腿菇是一种草腐生菌,最大生理特点是不覆土不出菇。覆土能促进鸡腿菇菌丝由营养生长转为生殖生长,诱导原基形成。当菌丝长到料底或蔓延至料层2/3高时,即可覆土(播种后18～20天进行)。覆土材料可用菜园沃土或火烧肥土,但pH值调至中性,含水量25%～30%。覆土厚度3～5厘米。覆土后立即喷水，其量为土面略见水而又不易下渗为宜。温度控制在22℃～28℃，空气相对湿度提高至80%～90%。

6. 出菇管理 关键是温、湿度控制，温度22℃～25℃，空气相对湿度75%～80%。15天后在覆土上会出现大量鸡腿菇菌丝，进入出菇管理，既要掌握温、湿度，还要注重通风增氧。通风时间依气温而定，低温时可在无风的上午11～14时，高温时宜在早晨或晚上。同时，要注意保湿，空气相对湿度为80%～90%。畦面直播管理，当鸡腿菇菌丝长至接近地面时，喷1次水，促使绒毛状菌丝倒伏，进而形成幼菇。但喷水要少喷、勤喷，使土壤湿润即可。为了幼菇生长，可以加大昼夜温差至6℃～8℃，通过夜间通风降温或喷水降温，使温度保持在12℃～24℃。

7. 菇体采收及采后管理 鸡腿菇从出现菇蕾到成熟需5～8天，气温高时间短，相反则长。当子实体长至八成熟，即菌盖边缘菌环刚刚开始松动、菌盖尚未出现反卷毛状鳞片时，即可采收。所采菇品质好，产量高，商品性好。采摘时用手轻轻提拉菇体旋转式拔起，用利刃削除菇脚泥土即成商品。采摘完毕，及时除掉老菇脚和残渣，在床面上填补新土，继续养菌出菇管理。第一潮采收完毕，清除衰老萎缩的老菌丝、菌根和死菇、病菇、残疾菇、污染菇以及被污染的土壤。随后用菜园沃土或火烧肥土进行补土，达到未出菇前的平坦。停水养菌2～3天，使菌丝有时间积累营养，以利于下潮出菇。同前重复出菇管理至采收，一般可连采4～5潮菇。

8. 越冬管理 进入深秋天气转凉，达不到菇蕾形成的温度，就采取越冬管理。将菌床清理干净，特别是对覆土层和培养料中的虫害和病害以及老菌根除净。然后撒一层干石灰粉(250克/米^2)于覆土层，用小钉耙耙一遍，使覆土层变松软，以利于保温。小拱棚及周围塑料薄膜盖严密，再蒙上一层草帘以保温越冬。翌年温度达到15℃～20℃时，掀开盖膜喷水保湿，以促菌丝恢复生长，步入出菇管理。

前面说的是培养料发酵后的脱袋栽培和直播栽培，虽说不需要灭菌设施和菌棒生产的配套设施，降低了成本，但产量与质量不如熟料脱袋栽培高。有条件的地区最好采用熟料栽培。

（二）熟料栽培

1. 基质配方

配方一：发酵棉籽壳87%，麸皮或米糠10%，石膏1%，石灰2%。含水量65%。

配方二：发酵棉籽壳50%，玉米芯37%，麸皮10%，石膏1%，石灰2%。含水量60%～65%。

配方三：发酵棉籽壳87%，麸皮（米糠）10%，石膏1%，石灰2%。含水量60%～65%。

配方四：发酵棉籽壳37%%，玉米芯30%，稻草或麦秸粉20%，麸皮10%，石膏1%，石灰2%。含水量60%～65%。

配方五：发酵棉籽壳50%，秸秆粉37%，麸皮（米糠）10%，石膏1%，石灰2%。含水量60%～65%。

配方六：发酵棉籽壳50%，玉米芯37%，麸皮10%，石膏1%，石灰2%。含水量60%～65%。

2. 装袋灭菌与接种　有手工装袋和机器装袋。要求及灭菌过程见第三章菌棒工厂化生产之高温常压灭菌及半开放式打穴接种。

3. 发菌管理　参考发酵料栽培。

4. 林地开畦　方法参考发酵料栽培。开好畦后可以在畦床上浇上粪水和家畜粪，增加畦床土壤养分，对于提高鸡腿菇的产量有利。

5. 脱袋入畦　北方地区适宜在8月和3月份脱袋入畦、埋土，即夏季结束时脱袋埋土，9～10月份出菇。夏末埋土栽培，宜采用直立排放菌棒的方法，延长出菇周期，提高生物转化率。冬末和春初栽培，出菇期短，宜采用横卧菌棒的方式出菇，增加出菇面积，缩短出菇期。南方地区适宜在9月和2月脱袋埋土，在10～11月份出菇。越冬后在翌年的3～5月份继续出菇，有利于提高鸡腿菇的产量。

6. 出菇管理 同发酵料栽培。

7. 菇体采收与采后管理 同发酵料栽培。

第四节 双孢菇

双孢菇〔*Agaricus bisporus* (Lange) Sing.〕俗称圆蘑菇、白蘑菇、洋蘑菇。隶属担子菌亚门，层菌纲，伞菌目，蘑菇科（黑伞科），蘑菇属（黑伞属）。中低温型菇类，我国双孢菇栽培已发展到10多个省、自治区、直辖市，主产区有福建、广东、浙江、江苏、四川、上海、湖南、河南、广西等。双孢菇含有丰富的蛋白质、多糖、维生素、核苷酸和不饱和脂肪酸，肉质肥厚，味道鲜美，营养丰富，属高蛋白质、低脂肪食品。具有益气开胃、抗癌、降血糖的功效。

一、生长发育条件

（一）水　分

培养料的含水量以60%左右为宜，覆土的含水量为16%～20%。菌丝体生长阶段空气相对湿度60%～70%，子实体生长阶段空气相对湿度85%～95%，过干或过湿对菌丝体生长都不利。

（二）温　度

双孢菇菌丝体生长温度为4℃～32℃，最适温度22℃～25℃；子实体生长温度为5℃～25℃，最适温度14℃～18℃。

（三）光　照

双孢菇的菌丝体和子实体均不需要光，但在一般散射光的条件下还是可以生长的，但不能强光照射。子实体在阴暗的环境下长得洁白、肥大。若光线太强，长出的子实体表面硬化，畸形菇多，商品价值差。

(四)空　气

双孢菇是一种好气性真菌,因此要有良好的通风条件。

(五)酸碱度

双孢菇宜偏碱性。偏酸对菌丝体和子实体生长都不利,而且容易产生杂菌。菌丝生长的 pH 值为 5～8、最适 7～8,进棚前培养料的 pH 值应调至 7.5～8,土粒的 pH 值应为 8～8.5。每采收完一潮菇喷水时加少许石灰,以保持 pH 值,抑制杂菌孳生。

二、栽培时间

双孢菇播种期以当地昼夜平均气温能稳定在 20℃～24℃,约 35 天后下降至 15℃～20℃时为宜。黄河以北地区一般 7 月底至 8 月初播种,8 月中下旬覆土,9～11 月采收秋菇,经越冬管理后翌年 3～5 月份收获春菇。

三、栽培方法

双孢菇是一种腐生菌,不能进行光合作用。配料时,在作物秸秆(麦秸草、稻草)中加入适量的农家粪(如牛、羊、马、猪、鸡和人粪尿等),草粪比为 1∶1 的配方,还需加入适量的氮、磷、钾、钙、硫等无机养分。

(一)堆制发酵

堆制时间一般掌握在 7 月下旬为宜。

1. 预堆　先将秸秆用清水充分浸湿,堆成一个宽 2 米左右、高 1.5 米左右、长度不限的大堆,预堆 2～3 天。同时,将牛、马粪碾碎并加水调湿后堆起。

2. 建堆　先在料场上铺一层厚 15～20 厘米的秸秆,宽 2 米左右,长度不限。然后撒上一层 4～5 厘米厚的牛、马粪,再按比例加入适量的氮、磷、钾、钙、硫等无机养分,依次堆高 1.3～1.5 米。

从第二层开始加适量的水，每层秸秆铺上后均要踏实。

3. 翻堆 一般应进行 4 次。在建堆后 6～7 天进行第一次翻堆，同时加入些石灰粉。此后间隔 5～6 天、4～5 天、3～4 天各翻堆 1 次。每次翻堆应注意上下、里外对调位置，堆起后要加盖草帘或塑料膜，防止料堆直接日晒、雨淋。

(二)发酵标准

堆制全过程需 25 天左右。应达到如下标准：培养料的水分控制在 65%～70%(手紧握秸秆有水滴浸出而不下落)，外观呈深咖啡色，无粪臭和氨气味，草粪混合均匀、松散、细碎、无结块。

(三)播种栽培

培养料经发酵后将发酵好的培养料移入棚内，铺成厚 20 厘米左右，料床两边留出 20 厘米，利于边菇生长。铺料应掌握干湿均匀、厚薄一致的原则，一般当天进棚完毕，料铺好后喷 1 次杀菌剂，闷棚 1 天，以完成杀除杂菌。播种前注意通风。播种时在温度 28℃以下时进行，先将 1/2 菌种撒入料面，用手轻轻抖动料表层，使菌种落入料内，整平料面，再均匀撒入剩余菌种，并覆盖一层薄薄的培养料，然后用木板轻轻按压，使菌种与料贴合。如果气温低或天气干燥时，料面应覆盖一层消毒报纸或薄膜。

四、发菌管理

(一)发　菌

发菌期一般需要 15～18 天。发菌期温度在 22℃～28℃为宜，最适温度 25℃，一般不要超过 30℃。空气相对湿度控制在 70%左右。随菌丝生长逐渐加强通风换气，在开始 2～3 天内不通风或微通风，3 天后少通风，7～10 天后菌丝封面时加大通风量，此时菇棚用草帘覆盖不透光。发菌前期，不要向料面直接喷水，以免伤害菌丝。发菌后期可轻微抖动料面或用 1 厘米直径的木棍在料面内打孔，增加料面透气性，并向料面少喷水保证湿度，以利于菌丝生长。

（二）覆　土

一般在播种后14～18天，当菌丝长至料深2/3或接近料底覆土最好。覆土应先覆一层质地结构疏松、通气性好、遇水不黏、失水不板结的粗土，覆土厚度2.5～3厘米。覆土后将土粒喷湿，注意喷水时要少喷勤喷，既要保证湿度，还要保持通气性。覆土后5～7天，菌丝大部分长至粗土底部或间隙中时，覆盖一层厚1厘米左右的细土，覆土后用木板刮平。

（三）覆土后管理

覆土后15～20天出菇。在此期间菇棚温度应保持在16℃～22℃，空气相对湿度保持在80%～85%，主要措施是喷水、通风。这段时间的水分管理，开头3～4天喷水稍多，每天几次轻喷，切忌喷水过急过重，使覆土的含水量提高到最适的含水量。当覆土层的含水量达到饱和时，每天只需喷适量的水，以维持其水分平衡即可。扒开上层覆土看到许多米粒大小的白点（即小蘑菇）同时看到覆土缝中已有大量的绒毛菌丝长出时，要适时、适量地喷洒较重的"结菇水"，每天喷水1次，连续喷2～3天，促进子实体迅速发育，并使覆土缝中绒毛菌丝横向生长，向粗生长转化，为下批出菇打基础，同时注意适当通风。

五、出菇管理

（一）秋菇管理

秋菇管理是夺取高产优质的关键。当多数菇蕾长至黄豆大时，需喷保菇水，保菇水量约2.5升/米^2，在1～2天内分多次喷完，停止喷水2天。然后随着菇的长大逐渐增加维持水的喷量。喷水时应轻喷、勤喷、喷匀，不能一次喷水量过大。此时菇棚内空气相对湿度应维持在85%～90%，温度控制在12℃～18℃，避免出现大温差。秋菇前期气温高、菇多，呼吸旺盛、排出的二氧化碳多,此时要加强通风降低温度。秋菇后期气温下降,出菇减少,减少通风次数,注意保温,防止风直接吹到菇体。

(二)越冬与春菇管理

秋菇结束后进入冬季管理。我国北方地区冬季寒冷,不适宜子实体生长发育,此时进入休眠期。清除菇脚、死菇。要加强保温措施,补充土层,防止上冻。天暖时注意通风换气,结合喷2%石灰水,使土层保持半干半湿状态。翌年气温回升后进入春菇管理,当温度稳定在10℃以上时逐步调足土层水分。随着温度升高和出菇量增加,喷水量逐渐增加。由于多潮出菇,培养料中营养物质减少,可适当追肥,结合喷水施用一些丰菇宝、喷菇宝等增产剂。早春以提高菇棚温度为主,要灵活掌握通风换气,宜选择在每天午后温度较高时通风,并认真做好病虫害防治。

六、菇体采收与采后管理

(一)菇体采收

蘑菇子实体生长到一定阶段,在菌盖长到2厘米以上、张开的菌膜尚未破裂时,应及时采收。采前3潮菇时,菌丝生活力强。采菇后还能长出肥大的菇体,因此要注意保护菌丝体。用大拇指和食指捏住菇柄,轻轻左右旋转,使菇体脱离菌丝,然后拔出。采第四批菇以后,由于产菇后期菌丝体逐渐衰老,失去了形成肥大菇体的能力,采收时一手按住土面,另一手把菇拔起。这样不仅可把衰老的菌丝拔去,还起到适当松动的作用,再把覆土盖上,有利于促进新菌丝发生。菇体丛生密集发生时,不能单个拔出,这时可用小刀在菇柄处割下,不要伤及周围的小菇。采下的菇要及时用刀削去菌柄沿下端的泥土,切口要平整,保持菇面整洁,减少碰挤压伤。

(二)收后管理

采完一潮菇后,剔除菇根,清净料面,补平孔穴。产菇中、后期还要松动板结的土层,喷1%~2%石灰水及适宜追肥,使7~10

天后再现菇潮。

第五节　草　菇

草菇〔*Volvaiella volvacea* (Bull. ex Fr.)Sing.〕又名稻草菇、秆菇、美味包脚菇、中国蘑菇、家生菇等。隶属担子菌亚门，层菌纲，伞菌目，光柄菇科，小苞脚菇属(草菇属)。草菇性寒、味甘，能消暑去热、减少胆固醇的过多积累，对增强体质、提高免疫力等具有良好的作用，适宜夏季食用。草菇肉嫩脆，营养丰富，含有17种氨基酸，其中人体必需的8种氨基酸占40.47%～44.47%。还含有磷、钾、钙、铁、钠等多种矿质元素，以及丰富的维生素C、维生素B_1、维生素B_2等。维生素C含量丰富，在100克干菇中含量达206.27毫克，比蔬菜和水果高出几倍。草菇是热带、亚热带著名的食用菌，原主要分布在广东、福建、湖南、广西、台湾、江西等省、自治区。近年来草菇已跨过了长江、黄河，越过了长城，全国绝大部分省、自治区均有栽培。河南省濮阳市清丰县、南乐县等地林下草菇栽培已有多年历史，面积逐年扩大。

一、生长发育条件

(一)营　养

草菇是一种高温型草腐菌，营养来自栽培原料中的纤维素、半纤维素和木质素等。栽培原料有稻草、废棉、棉籽壳、甘蔗渣、大豆秸、玉米秸、玉米芯、麦秸等。为提高草菇对这些原料的利用程度，要选用富含纤维素的栽培原料；采用混合培养料，并进行堆积发酵，提高草菇纤维素酶、半纤维素酶的活性；在培养料中添加速效营养物质；利用香菇菌棒废料栽培(香菇是以分解木质素为主的白腐菌)。

(二)水分、温度

草菇喜高温高湿的环境,菌丝体生长阶段要求空气相对湿度80%~85%,子实体发育阶段以85%~95%为好。

草菇属恒温结实型菇类,要求保持相对一定的恒温。菌丝体生长适宜温度为32℃~35℃,子实体生长适宜温度为28℃~30℃;气温稳定在25℃以上,夜间最低气温在15℃以上,昼夜温差变化较小时栽培。从播种至出菇一般仅12天左右,整个生长周期不超过1个月。菌丝生长温度为15℃~44℃,最适温度为30℃~35℃。当温度低于15℃时,菌丝体生长极为缓慢;当温度高于45℃时,会造成菌丝体死亡。子实体形成温度为22℃~34℃,最适温度为28℃~30℃。当温度低于22℃或高于35℃时,难以形成子实体原基。有些低温品种,可在23℃时栽培。

(三)光　照

在出菇阶段提供一定散射光,光照强度50~100勒(克斯),以能阅读报纸的光亮度为宜,每天照射10小时。

(四)空　气

草菇是好气性真菌,特别是出菇期要有充足的氧气,当二氧化碳浓度达0.5%时,会抑制子实体的发育。

(五)酸 碱 度

菌丝体生长适宜pH值为7.5~8,子实体适宜pH值为8。

二、栽培时间

草菇林下栽培在广东、海南等南部省份,可在6月至10月上旬栽培;黄河中下游地区以5月下旬至8月下旬为栽培最佳季节,河北省大部分地区适宜栽培时间为6~8月份。北方地区以二次接种适当延长生产时间,1个生产周期采收2潮菇,林下生产最多2个周期。室外栽培草菇,温度变化大,会影响到草菇产量,注意在温度变化时采取适当保温、降温措施。温度不稳定时可选用较耐低温的品种，到7～8月份可选用较耐高温的品种。

三、培养料制作

草菇室外栽培的主料为稻草或麦秸，栽培辅料、配料为麦麸、玉米粉、干牛粪、石灰粉等。草菇培养料的配方有多种，适宜培养草菇的原料丰富，只要处理得当，均可得到高产。这里介绍儿种常见的培养料配方，根据当地原料情况适当选用。

配方一：稻草或麦秸86%，干牛粪9%，钙镁磷肥1%，石灰粉4%。

配方二：稻草或麦秸85%，麸皮3%，干牛粪5%，玉米粉2%，钙镁磷肥1%，石灰粉4%。

配方三：棉籽皮87%，麸皮3%，干牛粪10%。

配方四：稻草85%，麸皮10%，饼肥5%。

配方五：稻草75%，麸皮10%，干牛粪15%。

以上配方，使用时加3%～5%石灰、1%石膏以调节酸碱度，添加0.3%～0.5%磷酸二氢钾以补充磷、钾元素。

在配制培养料之前，对部分原料进行如下处理。

(一)稻草的处理

先暴晒1～2天杀菌，然后放入3%石灰水中浸泡，使其柔软并充分吸水后捞出。添加辅料后发酵2～3天。

(二)麦秸的处理

先将麦秸粉碎，用pH值8～9的石灰水按料水比1∶1.8拌料，然后堆料发酵。棉籽壳的处理：使用前暴晒2～3天，拌料时每100千克加入石灰5千克，用180升清水拌匀后堆闷12小时，然后加入其他培养料发酵。

(三)畜、禽粪的处理

牛粪和鸡粪等应预先加湿堆放腐熟，按照配方将料拌好，加足水，堆积发酵。

将处理过的原料，根据配方调配出适宜当地生产的培养料，培养出菇。

四、栽培方法

（一）堆草栽培

林木行间整地，晴天翻地晒土1周。建成高20厘米、宽100厘米、长度不限的畦床，床边留出灌溉沟渠（10厘米宽），每行建1个。稻草或麦秸简单折曲，曲头在外，中间用乱草填平，每层草厚10～13厘米，摆好一层后在距边7～10厘米的地方沿四周撒一圈宽5厘米的菌种，菌种带内撒一圈宽5～10厘米的辅料；然后依此方法堆第二层。第二层稻草的边沿要比第一层的内缩3～5厘米，建成一个梯形的草堆；气温低可以堆4～6层，气温高则堆3层。最后1层在中央线上放一层整齐紧密的草，草堆上覆盖薄膜，防止雨水淋湿草堆导致温度降低。林分密度小可搭遮阳网、草帘等。

（二）播种栽培

在林内树木行间做畦。先深翻土壤，再整地做畦，畦高15～20厘米、畦宽1米，周围做土埂。5米长做埂分畦，便于保湿出菇。待气温稳定在20℃左右、早晚温差减小时，即可在畦上放置培养料、播种。播种前在畦面上喷水使土壤湿透。或直接喷洒氨水或漂白粉混悬液，消灭害虫和杂菌。然后在畦面上撒一层石灰粉，喷高效低毒杀虫剂。栽培畦消毒以后将培养料直接铺在畦面上。废棉渣或棉籽壳培养料铺料厚10厘米左右，切碎的稻草培养基则需铺15～18厘米，长稻草的则需铺料20厘米左右。将床面整平、压实，然后进行播种。将菌种从菌种瓶挖出。袋装种可将塑料撕掉，把菌种放在清洁的盆子里，将菌种块轻轻弄碎，采用点播加撒播的办法。点播的株行距10厘米见方，点播剩余的菌种撒在料表面上，用木板轻轻拍平，一般100平方米栽培面积需播菌种300～400瓶（750毫升/瓶）。稻草培养基播种后最好在料面上盖上一层细土，厚约2厘米，其上覆盖塑料薄膜。播种后畦面上用竹片和篱竹搭成环形拱棚架，棚架中央离畦面高50厘米。棚架盖塑料。播种后的1～4天一般不要揭开塑料薄膜，以保证棚内湿度和较高的二氧化碳浓度，利于菌丝萌发和生长。如果林木行距过大、阳光过强，可在塑料上方搭遮阳网或铺盖稻草帘。

（三）袋式栽培

在林地树行间做床，宽80厘米、深20厘米、长度根据需要自定。床底拍平压实，喷洒石灰水和高效杀虫剂灭菌。把发满菌丝的袋脱去塑料袋，平摆在菇床内，然后用肥土（菜园土94%、草木灰4%、石灰2%）填实，并用水浇灌，待水下渗后再在上面覆盖1.5厘米厚的肥土，最后覆盖薄膜或草帘保湿遮光，温度保持在30℃左右，空气相对湿度保持在90%左右。覆土后2天菌丝长入土层，7天后料面出现小菇蕾。

五、堆草、播种栽培的发菌管理

（一）堆草栽培的发菌管理

建堆播种后的5～10天为发菌期，关键要控制好温、湿度。一般建堆2～3天后堆中央的温度可以达到50℃以上，堆温从中央向四周逐渐降低。菌种生长的最适温度是30℃～35℃，所以要依据播种圈的温度情况，及时调整覆盖草帘的厚薄，使播种圈的温度范围维持在菌种生长需要的温度，保持草菇菌丝生长需要的空气相对湿度在80%以上，保证菌种按时萌发和生长。播种5天后如果没有大量的白色菌丝生长，稻草或麦秸变黑，表明菌种没有正常萌发，需要及时补播一批与原播菌种相同的菌种。当菌丝开始扭结（5～10天），在草堆上出现白色的子实体原基，进入出菇管理。

（二）播种栽培的发菌管理

培养料的温度是由低到高，由高到低的变化过程。播种后料内温度逐渐上升。播种后3天内以温、湿度管理为主，空气相对湿度保持在80%左右。一般3～4天可以达到最高温度，料中心温度控制在35℃～38℃。如料温过高，应及时采取措施降温，如揭膜通风和喷洒水雾等。当料温低于25℃时，要设法增温，如在料面上盖草。如果培养料过厚，在料内打洞，加强通风，促进热量散发。草菇发菌期不能让太阳光直晒，否则会抑制菌丝体的生长或杀死菌丝体。4天后菌丝布满料面，一方面每天揭膜通风换气2～3次，保持空气新鲜；另一方面给予一定的散射光，以促进子实体形成。播种后7～10天就会形成大量子实体原基。

六、出菇管理

（一）堆草栽培的出菇管理

草菇子实体原基形成后其需要的空气相对湿度在85%以上，适宜温度为28℃～32℃，因此出菇期间的主要任务就是控制好堆温（堆表内25厘米范围），同时通过自动喷水增加空气湿度（向空中或草帘上喷洒水雾，最好利用畦床的灌沟浇灌）。这个期间如果没有雨水，则小拱棚的覆膜都处于揭开状态，使新鲜空气进入草堆，并增加透光，促进菌丝扭结，加深菇蕾的色泽，提高产品的商品价值。

（二）播种、袋式栽培的出菇管理

当料面上形成大量原基后棚内温度控制在28℃～32℃，空气相对湿度保持在85%～90%，促进子实体生长发育。喷水向空中喷洒以增加空气湿度，不能向畦面喷水。特别是幼蕾期，更不能对着菇蕾直接喷水，避免菇蕾萎缩或杂菌感染造成烂菇。所喷水的温度不能过低，避免引起幼菇死亡。当子实体进入快速膨大期、水分不足时，能明显影响菇的日生长量，所以要经常观测培养料和空气中的含水量，保持培养料含水量不低于60%、空气相对湿度在90%左右。小拱棚内要经常通风，保持空气新鲜。出菇期必须保持一定的散射光。散射光强度充足时，菇肉致密、品质好、菇色深；散射光不足时，菇肉疏松、菇色浅白，影响菇的产量和质量。

七、菇体采收与采后管理

一般播种后 12 天左右就开始有少量菇可采，菇体呈蛋形时及时采收。草菇生长迅速，最好 1 天采收 2～3 次，防止其开伞而降低商品价值。一般第一茬姑产量占总产量的 70%以上，第二茬菇产量占总产量的 20%～25%。

采收时一手按住草菇生长基部，同时小心保护未成熟的小菇蕾；另一手将成熟的草菇轻轻扭转摘下。对密集丛生的菇堆，应在多数适合采收时一起采摘，尽可能避免因采收个别成熟草菇而造成大量未成熟的草菇死亡。

第一茬菇采收后及时清除料面的残菇及老菌皮，适当松动培养料，用 3%石灰水喷洒，使料的 pH 值调至 8 左右，在料面或料内播一层与原来相同品种的菌种、用种量为第一次接种的 1/2，再进行出菇管理。二次接种是提高产量的有效措施。另外，要降低棚内温度至 28℃～32℃，增加空气相对湿度至 90%左右，适当通风换气，降低棚内二氧化碳浓度，促进菇蕾大量发生。第二茬菇采收后可在料面上喷洒营养液，以延长采收期和提高产量。

第六节　大肥菇

大肥菇〔*Agaricus bitorguis*（Quél.）Sacc.〕又名双层环伞菇、双环蘑菇、大肥蘑菇。隶属担子菌亚门，层菌纲，伞菌目，蘑菇科（黑伞科），蘑菇属（黑伞属）。菇体肥大、菇肉厚实、营养丰富、味道鲜美，是高蛋白、低脂肪、低热能的健康食品。据测定每 100 克鲜菇中，含蛋白质 3.5 克、碳水化合物 3 克、脂肪 0.5 克、纤维素 1.1 克、灰分 1.2 克、磷 150.8 毫克、钾 380.3 毫克、钙 13.7 毫克、铁 3.6 毫克、维生素 $B_1$0.4 毫克、维生素 $B_2$0.6 毫克、维生素 C 5.8

毫克、烟酸 6.2 毫克。含有 18 种氨基酸，其中包括人体必需的 8 种氨基酸。

该菇中的多糖和异蛋白质有一定的抗癌作用，能抑制肿瘤的发生和发展。菇中的核糖核酸能刺激机体产生干扰素，有抑制病毒增殖的作用。具有治疗高血压、消化不良、心脏病的功效，又有抗衰老、抗癌防癌之功效。大肥菇是原产于内蒙古草地上的高温型草生菌，现已驯化成功，在青海、河北、新疆等地区均有分布。

一、生长发育条件

(一)营　养

大肥菇以麦秸、稻草、木屑等培养料中的纤维素、半纤维素和木质素作主要碳源，利用辅料麸皮或米糠中的蛋白质、氨基酸作氮源，同时也利用培养料中所含的矿质元素和维生素。

(二)水　分

培养料含水量以 65％为宜。床栽水分蒸发快，应保持空气相对湿度在 65％～75％。原基分化及子实体生长阶段空气相对湿度要保持在 85％～95％。

(三)温　度

大肥菇属高温型菌类，菌丝生长最适温度为 25℃～30℃，子实体在 23℃～25℃有较高出菇率。

(四)光　照

菌丝生长阶段不需要光照，应注意遮光培养；原基分化及子实体生长需 100～500 勒(克斯)的散射光。

(五)空　气

菌丝生长初期对氧气要求不高。随着菌丝生长，应加强通风，保持菇房空气新鲜。原基形成及子实体生长阶段，新陈代谢旺盛，应加强通风换气，保证氧气充足供应，并排除生长过程中产生的二氧化碳。

(六)酸碱度

培养料略偏酸性对大肥菇生长有利。最适 pH 值为 5.5～6。覆土的 pH 值也以偏酸性为宜,以 5.7～6 最适。

二、栽培时间

北方地区 5～6 月份播种,8～9 月份出菇结束。

三、栽培方法与管理

目前多采用粪草栽培方法(发酵料畦栽)。

(一)栽培种配方

按 100 平方米栽培面积的常用配方有以下两种。

配方一:稻草 1 500 千克,麦秸 1 000 千克,干牛粪 500 千克,菜籽饼 100 千克,尿素 25 千克,过磷酸钙 25 千克,石膏 50 千克,生石灰 50 千克。

配方二:麦秸 2 000 千克,稻草 500 千克,猪、牛粪(干)1 000 千克,菜籽饼 100 千克,尿素 20 千克,过磷酸钙 25 千克,石膏 50 千克,生石灰 50 千克。

(二)堆制发酵

堆制发酵可采用二次发酵法。

1. 前发酵 将稻草、麦秸先切成短段,干粪和菜籽饼粉碎,并与其他料混合。建堆过程中边放料边洒水边用脚踏实,以便水分吸收。料堆宽 2～2.5 米、高 1.5 米、堆长以料量定,用粗木棍在堆顶向下扎 3 排通气孔,建堆后用薄膜盖严,定期掀膜通风。经 5 天,料堆中心温度达 70℃左右时第一次翻堆,以后每隔 4 天再翻 1 次,共翻 3 次。每次翻堆都要调节好水分。翻堆后用 1 000 倍敌敌畏液将料堆和周边喷洒 1 次,以防害虫。发酵结束后及时将料搬入棚内进行后发酵。

2. 后发酵 将发酵料入棚建堆,用塑料布罩严。通入热蒸汽升温,使料温达60℃以上、维持4～6小时,随后降至50℃～54℃、维持6～7天,以利于嗜热性放线菌和有益微生物大量繁殖。发酵好后的培养料呈深咖啡色、无氨臭味、无酸败味、并有甜面包香味,而且料草有一定的弹性。此阶段草料不能过湿,只要用手握料手心有湿印而无水滴为好。将pH值调至7.2～7.5。通过翻抖,使草料混合均匀与松紧一致,整平拍紧,准备播种。

(三)播　种

播种前注意保持棚内空气流通,当料温降至30℃以下时即可播种。按100平方米计算播种量,麦粒种170瓶或棉籽壳种270瓶,分层点播。方法同鸡腿菇直播栽培。

(四)发菌管理

发菌阶段拱棚内温度要求27℃～32℃,空气相对湿度85%～90%,播种初期少通风或不通风,让菌丝尽快萌发、定植。

菌丝定植后视床面干燥情况适量喷水补湿,温度高时进行通风,经20天左右菌丝长满料面时进行覆土。

(五)覆　土

覆土时间春播应在播种后30天,秋播应在播种后20天。覆土材料经严格消毒,土经过筛后拌入0.5%甲醛和1000倍液多菌灵,用塑料薄膜覆盖密封2～3天后使用。两次覆土:第一次覆土2～2.5厘米,要求厚薄均匀;1周后当土缝中出现菌丝时,再覆第二次土,厚度为0.5～1厘米。覆土后土壤要保持湿润,含水量应保持在24%～25%。当温度超过33℃时要注意通风降温。

(六)出菇管理

覆土后15天左右开始出现菇蕾。拱棚内温度控制在27℃～28℃,空气相对湿度90%以上。出菇前减少通风,喷水量小、勤喷,提高温度以利出菇。当子实体出现时,应喷1次重水,空气相对湿度维持在75%～85%。大肥菇第一潮菇出菇较迟,覆土后约22天才能采收第一潮菇,两潮菇之间相隔时间12～15天。双孢蘑菇秋菇的收获期约45天，而大肥菇有效出菇时间只有30天左右。

四、菇体采收与采后管理

大肥菇从菇蕾形成到开伞时间相当短，所以及时采收非常重要。大肥菇适宜幼嫩时采收，当菌盖直径长到2.5～3厘米时即可采摘。采摘过晚易开伞，而且菌褶很快发黑，降低商品价值。每潮菇采收后及时喷水，重复上述管理。

第七节　金针菇

金针菇〔*Flammulina velutipes*（Curt. ex Fr.）Sing.〕又名冬菇、金菇、构菌、毛柄金线菌。隶属担子菌亚门，层菌纲，伞菌目，口蘑科，金线菌属（小火焰菌属）。金针菇因其菌柄细长似金针菜而得名，具有多种药效作用而被广泛用于药膳，是世界上著名的食药两用菌和观赏菌。

菌盖呈球形或扁半球形、淡黄色或乳白色，直径2～8厘米。菌盖表面有胶质层，湿时有黏性；干燥时稍有光泽，淡茶色至褐色。菌肉柔软白色，较薄。菌褶乳白色，稍密，不等长。菌柄中央生，中空圆柱状、稍弯曲，长5～8厘米、直径0.5～0.8厘米。菌柄基部相连，上部肉质，下部革质有黑褐色短绒毛。孢子椭圆形，孢子印白色。人工栽培时，菌柄细长，直径0.3～0.4厘米、长15～20厘米。菌柄嫩脆、淡黄色或白色，无绒毛或少绒毛。

金针菇肉质脆嫩，味道鲜美，营养极其丰富。鲜金针菇的水分含量为82%～89%，富含蛋白质、碳水化合物、矿质元素、维生素和粗纤维，含脂肪较低，是一种不可多得的高营养食品。以100克鲜品计，金针菇含有的热量为109千焦、蛋白质2.4克、脂肪0.4克、碳水化合物为6克、膳食纤维2.7克；以干品计，金针菇的蛋白质含量为8.39%～11.80%，由18种氨基酸组成，人体必需的氨基酸高达44%～50%，其中异亮氨酸和谷氨酸含量最高，而赖氨酸和精氨酸含量也分别达到5%～6%和0.45%～0.55%，能促进儿童智力发展，被誉为“增智菇”；又因其具有降低胆固醇作用，可预防肠胃溃疡和肝脏疾病，并有显著抗肿瘤、增强免疫力和护肝作用，是一种很好的保健食品。

一、生长发育条件

(一)营　养

金针菇是一种腐生性真菌，生长于多种阔叶树的枯木树桩上，分解木质素、纤维素的能力很强。人工栽培以棉籽壳、玉米芯、木屑、稻草等为主要原料，经过堆制发酵的培养料更适合其生长。无机盐也是其生长不可缺少的营养物质，可在培养料中加入适量的石膏、过磷酸钙等。

(二)水　分

菌丝生长阶段，培养料的含水量65%～70%，环境中空气相对湿度在60%～70%。子实体生长阶段，空气相对湿度保持在90%～95%为宜。干燥的环境下，菌盖易畸形，影响产品质量。

(三)温　度

金针菇是一种低温型食用菌，菌丝能在3℃～34℃的条件下生长，最适温度为22℃～25℃。子实体形成以8℃～16℃为宜，低于8℃子实体生长缓慢，高于18℃生长受到抑制。

(四)光　照

金针菇菌丝体生长时不需要光照，在黑暗条件下可生长良好。子实体分化需微弱的光线，强光使菌柄生长受到抑制。弱光条件下，可使菌盖和菌柄的颜色变浅、呈黄白色至乳白色，同时还可抑制菌柄基部绒毛的发生和色素的形成。

(五)空　气

金针菇是好气性真菌。菌丝生长和子实体生长阶段，都要求有足够氧气。因此，发菌室和出菇场所均要求空气新鲜。尤其是子实体形成时代谢旺盛、呼吸强度大，对氧气需求量多。当空气中二氧化碳浓度的积累量超过 0.6%时，子实体的形成和菌盖的发育就会受到抑制。

(六)酸碱度

金针菇在 pH 值 3～8 范围内都能生长，最适 pH 值为 5～6。

二、栽培时间

一般装袋时间应在 9 月初，10 月初转入林内管理，中下旬即可出菇。

三、栽培方法与管理

(一)栽培种配方

配方一：棉籽壳 96%，玉米粉 3%，糖 1%。

配方二：棉籽壳 89%，麸皮 10%，石膏 1%。

配方三：木屑 78%，麸皮 20%，糖 1%，石膏 1%。

配方四：玉米芯 73%，麸皮 25%，糖 1%，石膏 1%。

(二)接种栽培袋

常用的规格是 17 厘米×35 厘米的聚丙烯塑料袋，边装料边轻轻压实，装料高度 14～15 厘米，用绳扎口，一般每袋装干料 300～350 克。经灭菌的栽培袋必须冷却至 25℃左右时才能接种。严格按照无菌操作程序接种、接种量以 3%～5%为宜，均匀分布在料面上。

(三)发菌管理

将接种后的栽培袋放置在已经清理消毒的发菌室内，扎口朝外，分层横放，上面留有适当的空隙以利于气体交换。发菌初期，室内温度保持在20℃～25℃，2～3天后温度维持在18℃～20℃，不要低于18℃。因为发菌过程中料温往往比室温高2℃～4℃，正适宜金针菇菌丝生长发育。为使菌丝受温一致、发菌均匀，培养期间每隔10天翻堆1次，倒换菌袋。同时结合检查杂菌，发现杂菌及时处理，防止扩散蔓延。发菌期间，室内不需要光照，黑暗有利于菌丝生长。空气相对湿度以60%～70%为宜，每天要适当地通风换气。一般每天通风1次，每次30分钟。30～35天菌丝即可长满袋。

（四）出菇管理

当菌丝发到袋底后，菌丝体表面有黄色水珠出现，早熟品种可出现小菇蕾，这标志着菌丝已达到生理成熟，菌丝体生长就要转入子实体发育，此时转入林地进行出菇管理。

1. 搔菌催蕾 把塑料袋口向下卷至离培养料3～4厘米处，去掉老菌皮，增加菌丝与空气接触，刺激菌蕾形成。可用8号铁丝做一个3～4个齿的小耙子，将袋料表面搔破，把老菌皮和菌种块一起清除，再将料面整平。拱棚内温度保持在10℃～13℃，向空间喷雾状水保持空气相对湿度在80%～85%。每天通风30分钟，3～4天后料面出现一层白色棉絮状菌丝，即为出菇的前兆，将袋口敞开，7天左右陆续长出针头状的菇蕾。在催蕾出菇期间，给予一定的光照，可促使菌柄生长。

2. 抑制培养 当子实体长到1厘米左右，为使出菇整齐、成熟期一致和提高商品性，在管理上减少喷水，空气相对湿度降至75%左右；通风降温，调节温度在5℃～8℃，持续5～7天。

3. 伸长期管理 菌柄长度达到3～4厘米时要及时把卷下的塑料袋拉高，袋口高于子实体5厘米左右。将温度控制在10℃左右，空气相对湿度保持在85%～95%，适当通风。当菌盖开始分化时，把菌袋袋口撑开完全拉直呈套筒形，可增加小环境的二氧化碳浓度，达到抑制菌盖开伞、加速菌柄伸长的目的，可获得菇盖小、菌柄长、粗细一致的金针菇。此阶段喷水切忌将水喷洒在菇盖上形成水滴而产生黑斑点，影响商品外观。同时，应注意预防根腐病、褐斑病，并避免菇体含水过多而降低品质。

四、菇体采收与采后管理

（一）菇体采收

当菌柄长到15～20厘米，菌盖呈半球形、直径1厘米时即可采收。将手伸进袋内把菇整丛拧下，整齐扎把剪根，排放在温度较低和光线较暗的地方，以免影响菇的质量，并及时进行处理和加工。

金针菇的分级标准如下。

一级：菇形完整，菌盖呈白色，菌盖未展开、半球形，直径在1厘米以内，菌柄长15厘米，全体白色，基部修剪干净不粘连。无畸形菇、无病虫害、无斑点、无腐烂变质及杂质，具有鲜金针菇应有的风味。

二级：菇形完整，菌盖呈白色或淡黄色，菌盖未展开、半球形，直径在1.5厘米以内，菌柄长13厘米，菌柄基部为黄色至淡茶色，基部修剪干净。无畸形菇、无病虫害、无斑点、无腐烂变质及杂质，具有鲜金针菇应有的风味。

三级：菇形较完整，菌盖呈白色或金黄色，菌盖直径在2.5厘米以内，菌柄长11厘米，柄下部1/2处呈茶色或褐色。无畸形菇、无病虫害、无斑点、无腐烂变质及杂质，具有鲜金针菇应有的风味。

（二）采后管理

采收第一批菇后结合清理料面进行搔菌，平整料面，除去表层0.3～0.5厘米，使下层菌丝露出接触新鲜空气。调节室内温度在17℃～18℃，10天左右即能长出菇蕾。失水过多、菌料干缩、重量明显减轻的菌袋，可将菌袋放在水中浸泡，吸足水后倒去多余的水，把袋口的塑料薄膜回翻折起，等到再一次现蕾后打开袋口转入常规管理。二茬菇采收后为促使多出菇，可结合补水，用0.1%～0.2%蔗糖水或500～1 000倍液的肥水注入菌袋，可增产15%～20%。

第八节 茶树菇

茶树菇(*Agrocybe chaxingu* Huang)又叫茶薪菇、茶菇、杨树菇、柳松菇。隶属于担子菌亚门，层菌纲，伞菌目，粪锈伞科，田头菇属。茶树菇香味浓郁，味道鲜美，是一种具有开发前景的珍稀食用菌。

茶树菇子实体伞状，单生、双生或丛生。菇盖圆正，初为半球形，后平展，中央浅凹，直径4～8厘米，褐色，边缘色较淡；菌肉肥厚、白色，菌褶直生或不明显隔生，初白色后褐色；菌柄圆柱形、上下等粗，内部充实，纤维质，长4～10厘米，柄粗0.3～0.6厘米、浅黄褐色。孢子阔卵状、椭圆形，有不明显孔芽。孢子印咖啡色。自然季节每年4～9月份自生于油茶老树枯干或树桩上，因此而得名茶树菇。自然分布主要在福建和江西两省交界地区。

茶树菇盖嫩、柄脆、味纯清香、鲜美可口，营养丰富，蛋白质含量高达19.55%，含有18种氨基酸(包括人体必需的8种氨基酸)和多种矿质元素，其中赖氨酸的含量高达1.75%，为上等“山珍”。中医用作健脾、利尿、祛湿、止泻。民间用于治疗腰腿酸痛、头晕头痛。经常食用，能提高智力，增强记忆，还有抗癌、防癌功能，是美味珍稀的食药兼用菌之一。

一、生长发育条件

(一)营　养

茶树菇是一种对纤维素、木质素分解能力较弱的木腐菌，用棉籽壳比用木屑培养效果好、产量高；木屑用细木屑为好，需经晒后贮存备用。对氮源要求较高,最适碳氮比为 60∶1。氮源丰富生长速度快,培养料中可适当增加麸皮和玉米粉的比例。

(二)水　分

培养料含水量 60%～65%;菌丝生长阶段,需空气相对湿度 65%～70%;子实体形成时,需空气相对湿度 85%～90%。

(三)温　度

茶树菇属中温型食用菌,菌丝生长的温度范围 5℃～35℃,最适温度 23℃～25℃;子实体的形成温度范围 10℃～30℃,最适温度 18℃～22℃。温度过高或过低均会推迟原基分化时间。

(四)光　照

茶树菇菌丝生长不需要光照,但子实体有很强的趋光性。为保持菌柄的整齐度,不宜随意搬动菌袋,以免畸形菇发生。茶树菇生长期间需散射光,生产场所的亮度调节在 300～500 勒(克斯)较好。在合适的散射光下,子实体生长健壮,菇盖圆正,菌肉厚、色泽好、质量高。

(五)空　气

茶树菇生长发育需新鲜空气。发菌期和出菇期均需良好的通风。子实体生长阶段稍高的二氧化碳浓度有利于出菇和菌柄伸长,为提高产量可适当减少通风,但袋内二氧化碳浓度过大时,就会抑制子实体生长特别是菌盖的分化发育。

(六)酸碱度

适合中性偏酸环境,培养料最适 pH 值为 5.5～6.5。

二、栽培时间

茶树菇属中温偏高型菌类,适宜在春、秋季栽培出菇。1～3 月份或 8～9 月份生产菌袋,4～6 月份或 9～11 月份入林出菇。

三、栽培方法与管理

（一）栽培种配方

配方一：棉籽壳 76%，麸皮 20%，过磷酸钙 1%，石灰 1%，石膏 1%，糖 1%。

配方二：棉籽壳 88%，麸皮 5%，玉米粉 5%，石灰 1%，石膏 1%。

配方三：木屑 40%，棉籽壳 38%，麸皮 20%，石膏 1%，糖 1%。

配方四：木屑 50%，玉米芯 26%，麸皮 18%，豆饼粉 3%，石灰 1%，石膏 1%，糖 1%。

（二）接种栽培袋

选用 17 厘米×33 厘米聚丙烯塑料袋，装袋高度 18 厘米，每袋装干料 0.4 千克。经常规拌料、装袋、灭菌、冷却，灭菌后移入预先消毒过的冷却室中，待冷却至常温后接种。接种必须在无菌操作台上、接种箱或接种室内进行，接种要严格遵守无菌操作规程。

（三）发菌管理

接种后放入已消毒过的发菌室内进行菌丝培养。袋与袋之间留 1～2 厘米间隙，层高 8～10 层。室内保持黑暗，温度控制在 25℃左右，并尽量保持室内温度的平衡，避免温差过大。空气相对湿度控制在 60%～65%，每天通风 1 次，保持培养室内空气新鲜。在发菌过程中要翻堆散热，互换位置，使发菌均匀。经常保持室内外环境的清洁卫生，经常检查，对有污染杂菌和遭受蚊蝇侵害的菌袋应立即剔除，防止污染其他菌袋。经过 45～50 天培养，菌丝即可全部长满袋。

（四）出菇管理

将菌袋转入林内拱棚中，直立排放在床架上或地面上，用散射光照射并通风换气，继续培养 10～15 天，以积累充足的营养成分，促子实体原基形成。利用昼夜自然气候及通过盖膜和揭膜，制造明显的温差及干湿差。刺激3～5天后菌袋表面分泌黄水，经2～3天后即可出现密集的白色原基，接着分化成大批菇蕾。此时要及时进行开袋，拉直袋口。

温度宜控制在20℃～28℃，让菇蕾充分生长发育，形成大批优质菇。出菇阶段温差不宜大，棚内温度宜相对稳定，给予适当的散射光，这是取得茶树菇优质高产的关键因素之一。空气相对湿度宜控制在90%左右，采用轻喷勤喷方法，始终保持较稳定的小环境湿度。根据长势情况每天通风1～3次，每次15～20分钟；通风过度会导致开伞早、肉薄、柄短。出菇旺季，可利用采菇通风换气。

四、菇体采收与采后管理

(一)菇体采收

经过15～20天的出菇管理，子实体长到八成熟，菌盖边缘颜色较淡、菌膜未破或微破时即可采收。采收时握住整丛菌柄轻旋拔出，轻拿轻放并及时包装保鲜或烘干。

(二)采后管理

采收第一茬菇后清理培养料表层，停止喷水，让菌丝休养3～5天，然后进行出菇管理。经过7～10天又可长出小菇蕾，一般可收3～4潮菇。茶树菇产量集中在第一、第二潮，这两潮菇产量可占总产量的80%以上，同时菇的质量也最优。若在第二潮菇采收后转入脱袋埋土栽培，补充菌筒内水分，可提高产量，一般每袋产量可达200～300克。当采收第二潮菇后培养袋明显变轻，必须向袋内补充营养液。生物学转化率可达70%～100%。

第九节　白灵菇

白灵菇〔*Pleurotus eryngii* (DC. et Fr.) Quél. Var. *nebrodensis*

Inzenga.〕又称白阿魏菇、翅鲍菇，是刺芹侧耳的白色变种。隶属于担子菌亚门，层菌纲，伞菌目，侧耳科，侧耳属。是一种食、药两用的大型真菌。我国野生白灵菇主要生长在新疆荒漠戈壁里极少数的阿魏滩上，是春末夏初寄生或腐生在伞形科草本药用植物“阿魏”的腐烂根茎上的一种真菌，故得名阿魏菇，现可以人工栽培。

白灵菇子实体侧耳状，单生或丛生。菌盖直径 5～15 厘米或更大，初期呈贝壳状圆凸，中央逐渐下凹呈浅漏斗形。盖缘内卷后渐平展、白色。菌肉白色，肥厚。菌褶近延生，密集，长短不一，白色至淡黄白色；菌柄很短或近无柄，常偏心生，上下等粗或上粗下细，表面光滑、白色。孢子近纺锤形，无色、光滑，孢子印白色或浅黄色。

白灵菇菇体肥大，盖厚柄粗，颜色洁白，肉嫩可口、味鲜美。具有丰富的营养价值，含蛋白质 14.7%、碳水化合物 43.2%、脂肪 4.3%、粗纤维 15.4%、灰分 4.8%；含维生素 C26.4 毫克/100 克，多糖 190 毫克/100 克；含钾、钠、钙、磷、镁、锰、锌、铜、硒等多种矿质元素；含 17 种氨基酸，包括全部人体必需的 8 种氨基酸。白灵菇具有的多糖苷活性物质，可调节人体生理平衡、增强人体免疫力，有消积、杀虫、镇咳、消炎、防治妇科肿瘤等功效；其不饱和脂肪酸能与人体血液中的胆固醇结合形成胆固醇脂，有降血压、防止动脉硬化的作用，是一种天然保健食品。白灵菇除鲜食外，还可加工成罐头，切片烘干，进行深加工，也可作为其他各种保健营养品、调味品及饮料添加剂等。

一、生长发育条件

(一)营　养

白灵菇在自然界主要生长于伞形科大型草本植物如刺芹、阿魏、拉慧草等植株的根茎上。白灵菇是一种腐生菌，有时也兼有寄生的性质。人工栽培时，其栽培材料比一般的侧耳(平菇)狭窄得多。目前常用棉籽壳、玉米芯、木屑、麸皮等为主要原料来栽培。

(二)水　分

培养料含水量在60%～65%时可以满足白灵菇菌丝和子实体的正常生长发育需要。子实体在空气相对湿度85%～95%时生育正常。在低温干燥条件下，菌盖表面常发生龟裂。由于白灵菇个头大、菌肉厚，因此抗旱能力比其他食用菌强。

(三)温　度

白灵菇是一种中低温型食用菌。菌丝在5℃～32℃均可生长，最适温度为24℃～27℃，在35℃～36℃菌丝停止生长；子实体发育适温为8℃～25℃，最适温度为13℃～18℃。

(四)光　照

白灵菇菌丝生长不需要光线。菇蕾分化需要散射光刺激，在200～1 000勒(克斯)光照条件下子实体发育正常。

(五)空　气

白灵菇是好气性菇类，菌丝和子实体的生长发育都需要新鲜充足的氧气。尤其是子实体形成期，代谢旺盛，对氧气需求量比较大。若菇房通气不良，二氧化碳积累过多，容易产生盖小、柄长的畸形菇，并引起子实体死亡腐烂。

(六)酸碱度

白灵菇的菌丝可以在pH值为5～11的基质上生长，最适pH值为5.5～6.5，pH值>8时，菌丝细弱且生长速度减缓。

二、栽培时间

一般为7～8月份接种栽培袋，10～11月份栽培出菇。

三、栽培方法与管理

(一)栽培种配方

配方一：棉籽壳78%，麸皮20%，石膏1%，蔗糖1%。

配方二：玉米芯 60%，棉籽壳 20%，麸皮 18%，石膏 1%，蔗糖 1%。

配方三：木屑 77%，麸皮 17%，玉米粉 3%，蔗糖 1.5%，石灰 1.5%。

配方四：棉籽壳 38%，木屑 37%，麸皮 20%，玉米粉 2%，蔗糖 1.5%，石灰 1.5%。

(二)接种栽培袋

栽培袋可采用 17 厘米×33 厘米的聚丙烯或聚乙烯塑料袋。将原料按照配方混合搅拌均匀，加水比例通常为 1∶1.2～1.4，调节含水量为 60%～65%。栽培料混合搅拌均匀后即可装袋，也可堆制发酵后再装袋，每袋装 0.6 千克左右的干料。装好袋后及时灭菌，灭菌可在高压 126℃下维持 70～90 分钟，在常压 100℃下维持 20 小时。灭菌后料袋的温度降至 30℃以下时即可接种，在接种箱或接种室按常规无菌操作规程进行接种，接种量为 3%～5%。

(三)发菌管理

接种后移入培养室培育菌丝，培养室的温度控制在 22℃～25℃，空气相对湿度控制在 70%左右，通风避光，菌袋内菌丝生长 15 天后需用针或牙签在菌袋菌丝体处扎眼，增加氧气，菌丝生长速度加快。接种后每隔 10 天翻堆检查 1 次，若有点状杂菌可用甲醛、酒精或煤油处理，严重时拿出室外集中处理。35～40 天菌丝可以满袋，此时菌袋松软、菌丝稀疏。

菌丝满袋后移入林内进行后熟管理，采取喷雾的方法使棚内的空气相对湿度增至 70%～75%，温度控制在 20℃～24℃。经常进行棚内通风，保持空气新鲜。光照以散射光为主，后熟培养期严禁光线直射。经 30～40 天的后熟，菌丝达到生理成熟即菌丝发育浓白、形成菌被，菌袋坚硬且有弹性，个别菌袋开始出现白色米粒状原基。

(四)出菇管理

后熟阶段结束后进入搔菌管理,先解开袋口,刮去老菌块并轻轻搔去菌袋中央表面菌皮(大小直径2厘米左右)。搔菌面积小现蕾较少,不利于选择;搔菌面积过大,造成菌丝恢复时间长且现蕾过多,子实体容易畸形。搔菌后抖动袋口的塑料膜,使袋口处的膜与栽培料之间的空隙适当加大,用绳扎起,不必扎紧。温度保持在18℃～20℃,培养3～5天,搔菌处会长出白色绒毛状菌丝。然后利用自然温度刺激菌袋,白天盖膜控制温度在15℃～18℃,夜间揭膜温度降至5℃以上,并给以少量散射光,在10℃～12℃温差刺激下,连续10～15天即可形成菇蕾。

菇蕾形成后增加通风量,维持棚内空气相对湿度在90%左右。菇蕾达玉米粒大小时解开袋口,到花生豆大小时放口。同时进行疏蕾,保留形状好、最健壮的菇蕾1个,长至乒乓球大小时进行挽口。棚内温度控制在10℃～18℃,空气相对湿度提高至95%。注意不要将水直接喷到子实体上。

四、菇体采收与采后管理

(一)菇体采收

从幼菇形成至成熟需10～15天。白灵菇成熟时菌褶分化完全,菌盖由内卷逐渐平展、边缘变薄,菇体开始变黄,菇体长8～12厘米。此时应及时采收。手抓住菇柄基部旋转拧下,把基部的培养料用快刀削去,用软纸包好,装入保鲜箱。

白灵菇的分级标准如下。

一级:菇体掌形,菇形规则,菇体洁白。菌盖表面光滑,边缘圆整,无皱褶或裂痕。菌褶排列整齐,菌盖直径8～15厘米,每只重150～300克。如菇体为掌形,菌柄应小于2厘米。

二级:菇形基本规则,菇体洁白。菌盖较平滑有波纹,基本平整,没有明显裂痕。菌褶排列较整齐,菌盖直径8～16厘米,菌柄小于2厘米，单只重120～300克。

三级：菇体较洁白，菇形不规则、畸形。菌盖表面有细微裂痕，边缘上翘，勺形，无明显病斑。

(二)采后管理

采完一茬菇后停止喷水，清理袋口和四周的残余物，让菌丝恢复生长、积累营养。1周后再进行喷水管理，保持湿度，控制温度，15天后可出第二潮菇。生物学转化率为50%～80%。

第十节 杏鲍菇

杏鲍菇〔*Pleurotus eryngii* (DC. ex Fr.) Quél.〕又名刺芹侧耳、杏香鲍鱼菇、雪耳、雪茸。隶属担子菌亚门，层菌纲，伞菌目，侧耳科，侧耳属。杏鲍菇具有杏仁香味，菌肉肥厚、质地脆。菇体内含丰富蛋白质、粗纤维和多种维生素，含有18种氨基酸，其中人体必需氨基酸含量为6.65%，有丰富的寡糖和漆酶，而脂肪含量极低，对肝炎、胃溃疡、糖尿病和心血管疾病有一定的预防和治疗作用，对肿瘤也有预防和抑制作用，具有相当高的食用食疗价值，有"平菇王"之称。

一、生长发育条件

(一)营 养

杏鲍菇是一种具有寄生能力的木腐菌，人工栽培时需要丰富的碳源和氮源。在一定范围内(不超过30%)，氮源越丰富。菌丝生长越好、产量越高。杏鲍菇可利用的碳源物质有葡萄糖、蔗糖、棉籽壳、玉米芯、豆秸、麦秸、木屑等，其中以棉籽壳、玉米芯为好。培养料中木屑含量高，菌丝生长缓慢，发育周期长，产量低。而棉籽壳含量多则生长快、产量高。杏鲍菇可利用的氮源物质有玉米粉、麸皮、黄豆粉、蛋白胨、酵母膏等。

(二)水　分

杏鲍菇菌丝生长阶段的培养料含水量为45%～80%，最适含水量60%～65%。含水量低，菌丝生长细弱，不利于子实体的形成，产量低。当含水量低于55%时，甚至不出菇；含水量高于80%时，菌丝生长缓慢、长势弱，菌棒易污染杂菌。杏鲍菇子实体分化阶段空气相对湿度以90%～95%为宜，子实体生长阶段可适当调低至85%～90%。空气相对湿度超过95%，易造成子实体腐烂及多种病害的发生。采收前，再将空气相对湿度调低至75%～80%，降低子实体含水量，延长其货架期。

(三)温　度

杏鲍菇属中偏低温型的菌类。温度是决定杏鲍菇栽培成败与产量高低的关键。菌丝体生长的温度范围为15℃～33℃，适宜温度为23℃～27℃。杏鲍菇是恒温结实性菇类，原基形成和子实体生长的温度范围比较窄，并且对温度较敏感。温差过大，不利于原基的形成。原基形成的温度为10℃～20℃，最适温度为12℃～15℃，子实体发育的温度因菌株而异，一般适宜温度为15℃～20℃。温度在10℃以下时，子实体生长缓慢、颜色加深；高于20℃时，子实体生长快、瘦长，菇体组织松软，容易感染细菌性软腐病。

(四)光　照

菌丝体生长阶段不需要光照，在黑暗的环境下会加快菌丝生长。而超过1 000勒(克斯)的强光对杏鲍菇菌丝的生长有一定的抑制作用。原基分化和子实体的生长发育则需要一定的散射光，适宜的光照强度为500～1 000勒(克斯)。

(五)空　气

杏鲍菇是好气性真菌，菌丝生长和子实体发育都需要新鲜的空气。但在菌丝生长阶段，菌丝生长排出的二氧化碳使培养料中二氧化碳的浓度上升至0.22%，能明显刺激菌丝加快生长。杏鲍菇原基的形成需要充足的氧气，二氧化碳浓度应低于0.1%。否则，在袋口或瓶口会长出大量的气生菌丝，在气生菌丝上形成的原基分化困难而膨大成球状，使产量降低。子实体生长阶段较耐二氧化碳，但空气新鲜，二氧化碳浓度低于0.2%，更有利于子实体生长。

（六）酸碱度

杏鲍菇菌丝生长的pH值为3.5～8，最适pH值为6.5～7.5。子实体发育的最适pH值为5.5～6.5，因为菌丝在生长过程中代谢产生有机酸类物质，所以配料时要将pH值调高至7.5～7.8。

二、栽培时间

杏鲍菇适宜的出菇温度范围狭窄，而且杏鲍菇的第一潮菇蕾如果未能正常形成会影响第二潮的正常出菇，应根据其菌丝和子实体发育所需要的环境条件慎重确定栽培时间。在选择自然环境条件下出菇时，栽培袋制作应在出菇期向前推50天左右。华北地区主要在春末夏初和秋末冬初两个时期栽培，一般春栽应在1～2月份制种发菌，3～4月份出菇；秋栽应在8～9月份制种发菌，10～11月份出菇。

三、栽培方法与管理

（一）培养料制作

培养料应选择新鲜、无霉烂变质的阔叶树木屑、棉籽壳、玉米芯、甘蔗渣、麸皮、米糠等，木屑和玉米芯最好为绿豆粒大小，过粗或过细都不利于杏鲍菇菌丝生长。在培养料中加入少量的磷、钾、镁等矿物质生长会更好。高温季节装袋，培养料中应增加石灰量，少加糖，麸皮等氮源的添加量不要超过10%。

配方一：棉籽壳80%，木屑10%，米糠8%，石膏粉1%，过磷酸钙1%。

配方二：玉米芯30%，棉籽壳25%，麦麸10%，木屑10%，米糠 10%,玉米粉 7%,棉籽饼 7%,石膏粉 1%。

配方三:玉米芯 78%,米糠或麦麸 20%,石膏粉 1%,过磷酸钙 1%。

配方四:木屑 30%,棉籽壳 30%,玉米芯 18%,玉米粉 10%,麦麸 10%,过磷酸钙 1%,石膏粉 1%。

配方五:杂木屑 23%,棉籽壳 38%,豆秸粉 15%,麦麸 17%,玉米粉 5%,碳酸钙 1%,白糖 1%。

(二)装　袋

林地杏鲍菇主要采用聚乙烯或聚丙烯塑料袋栽培,一般不采用大规格塑料袋,适宜栽培袋规格为 18～22 厘米×38～42 厘米,厚度为 0.04～0.05 毫米。手工操作时,培养料要边装边压,上下松紧适度,袋壁要尽量压紧以免在袋壁空隙处形成原基。装完料后用锥形棍在袋中打洞以利于培养料通气,然后用细绳扎紧或袋口套环,加棉塞,及时入灶灭菌。也可使用装袋机装袋,效率更高。

(三)灭　菌

装袋完毕后要及时灭菌。为避免培养料酸败,灭菌时温度要尽快上升至 100℃。常压灭菌 100℃维持 20 小时,再闷 12 小时后出灶;高压灭菌 121℃维持 2 小时。

(四)接种与培养

袋内料温下降至 28℃时,按严格的无菌操作规程进行接种。直立出菇的一头接种,墙式出菇的两头接种,横卧覆土出菇的在袋身同侧均匀打 3 个洞接种。接种后于清洁卫生的室内发菌培养,温度低于 20℃时将菌棒堆码在地面或床架上保温发菌,可堆放 4～5 层高;气温高时,两层或单层排放在床架或地面上,菌袋之间要有一定的空隙。培养室温度应控制在 20℃～26℃,空气相对湿度控制在 70%以下,应遮光培养,每天通风 1～2 次保持空气新鲜。每隔 10 天翻 1 次堆,使菌袋均匀发菌,30～40 天菌丝长满袋。

(五)栽培管理

林下杏鲍菇出菇管理有两种方式,即菌棒直接出菇和畦栽覆土出菇。

1. 菌棒直接出菇 菌丝长满袋后及时将菌棒移入林地,温度保持在10℃～20℃,继续培养10天左右,达到生理成熟,适时开口。

(1)搔菌 杏鲍菇原基有在新生菌丝体上形成的特性。不搔菌造成出菇不整齐,而且在袋口上长出的菇少。搔菌有利于原基形成和定向出菇。搔菌时,刮去袋口表层老菌种,使袋口料面变平。然后用旧报纸或无纺布封住袋口保湿。搔菌要及时,一般在菌丝长满袋后即可进行。搔菌太迟,菌棒中部和袋口已有原基形成,达不到搔菌的目的。搔菌后先让菌丝恢复生长,10天左右料面重新长出新的白色气生菌丝,再进行喷水增湿,诱导原基形成。

(2)诱导出菇 杏鲍菇子实体需要在适宜的温度、湿度、光照下才能形成。要求温度稳定在10℃～20℃,棚内要有适宜的散射光、以500～1 000勒(克斯)为宜。每天喷水次数依天气情况而定,一般晴天喷水4～5次,阴天喷水2～3次,每次喷水量以湿透无纺布而不下滴为限,使菇棚内空气相对湿度保持在85%～95%。10天左右有棉絮状原基出现,原基形成后就可把无纺布揭开,以保证子实体的正常生长。

(3)子实体生长发育管理

①开袋出菇 当菇蕾长到黄豆粒大小、菌盖呈淡灰色时,要及时开袋。开袋及时,出菇整齐,菇体形状好;开袋过早,原基形成缓慢,出菇不整齐,菇体形状差;开袋太迟,子实体已长大,在袋内会出现畸形菇,严重时萎缩或腐烂。开袋时,将袋膜向外翻卷下折至高于料面2厘米为宜。

②疏蕾 可显著提高商品菇比例,是杏鲍菇优质高产的重要技术环节。即在菇蕾密集的地方,按合适的距离每个出菇面保留

2～4个幼蕾，用灭过菌的尖刀削去其余的幼蕾，但不要伤及保留蕾。完成疏蕾操作后及时对棚内喷洒一遍杀菌剂，以防疏蕾的伤口感染病毒、病菌。

③环境条件的调控管理　在出菇期，要控制好温度在15℃～18℃，保持空气相对湿度在85%～90%。空气相对湿度低于80%时，会造成菌盖不分化或菌盖变小，严重时菇体会出现干裂，生长发育停止。进行喷水增湿时，要喷雾状水。只有在温度低于18℃时，才能直接喷水在子实体上；温度高于18℃时，主要向地面喷水，不能在菇体上喷水，否则菇体上会繁殖大量细菌，使菇体发黄甚至腐烂。杏鲍菇子实体虽然具有较强的耐二氧化碳的能力，但二氧化碳浓度以小于0.2%为宜。二氧化碳浓度过高，子实体萎蔫停止生长，在已萎蔫的子实体上再分化出树枝状畸形菇。特别是当菇蕾大量发生时，菇房内必须保持良好的通风换气条件。子实体生长发育期间光照要弱于菇蕾期，避免子实体因强光照射而失水干燥、生长发育受到抑制。

2. 畦栽覆土出菇　杏鲍菇覆土栽培能利用土壤隔光、低温、保湿的优势，提高产量，延长出菇期。可以在菌丝长满袋后直接脱袋覆土，也可以在采收一潮菇后覆土。

(1)做畦　畦深25～30厘米，长和宽可根据林地的实际情况而定。畦边垂直，底面要平。畦内浇1次大水，以保证畦内湿度充分。水渗后在坑底和沟帮撒一薄层石灰，再喷1遍500倍辛硫磷溶液。在畦底铺一层优质有机肥料。

(2)排菌与覆土　菌袋与菌袋间距离2厘米左右，空隙间填入经过消毒杀虫的备土。覆土材料要疏松，具有良好的透气保水性。覆土厚度2～3厘米，以盖住原基为准。覆土后及时喷水增湿，轻喷勤喷，在1～2天内把土壤调到适宜湿度，以手握土粒不碎不粘手为宜，棚内空气相对湿度保持在80%～90%。调水完毕，在土层表面可覆盖一层消过毒的麦秸，以保持土壤湿度。用塑料薄膜或尼龙袋将畦四周包严，以防畦边土脱落。菌袋排入畦内 10～20 天后原基长出土壤。

四、菇体采收与采后管理

当子实体八九成熟、颜色变浅、菇盖平展、直径等于或略小于菇柄颈部、边缘微内卷而孢子尚未弹射时及时采收。采收时用已消过毒的小刀在菌柄基部和菌丝体之间割出菇体，注意不要伤到旁边小菇。如菇多丛生，可手握菌柄，整朵拔起。对于覆土栽培的杏鲍菇，采收时要及时去掉根部泥土。第一潮菇采收后要及时清理料面，清除污染菌袋，停止喷水，减少通风，养菌 2～3 天。然后调控好菇棚的温度、湿度、通风、光线，经 10～15 天可长出第二潮菇。

第十一节　猴头菇

猴头菇〔*Hericium erinaceus* (Bull. ex Fr.) Pers.〕又名猴头蘑、刺猬菌、山伏菌。隶属担子菌亚门，层菌纲，非褶菌目，猴头菌科，猴头菌属。猴头菇肉嫩味香，是四大名菜（猴头、熊掌、海参、鱼翅）之一，有“素中荤”之称。子实体含猴头菌素（Hericenin Ⅰ-Ⅴ）、猴头菌酮（HericenoneA-H）、多肽、多糖、核苷和甾醇类等活性物质，可用于治疗胃和十二指肠溃疡、神经衰弱、身体虚弱等疾病，具有抗癌、抗微波辐射等功能，是著名的食药兼用真菌。

一、生长发育条件

（一）营　养

猴头菇属木腐菌。棉籽壳、蔗渣、木屑、稻草、麦秸、棉秆、酒糟、甘薯粉可作为碳源。猴头菇在富含棉籽壳的培养料上产量高。配料中阔叶树木屑含量增加，产量下降。麦麸、玉米面、米糠、尿素可作为氮源，但有机态氮更有利于猴头菇生长。猴头菇对碳氮比要求为 20～25∶1。氮源高，子实体形成迟缓；而碳源高，子实体瘦小。所以，生产中一定要控制好培养料的碳氮比。猴头菇在生长中还要吸收一定数量的磷、钾、镁及钙等矿物质离子。

(二)水 分

猴头菇菌丝生长阶段，培养料适宜含水量为 60%～65%。高于 80%，菌丝细弱，易污染；低于 50%，原基分化数量显著减少，子实体晚熟。空气相对湿度以 70%左右为宜，子实体生长阶段空气相对湿度应控制在 85%～90%。低于 70%，子实体失水干缩变黄，菌刺短，生长慢，产量降低；高于 95%，菌刺长，菇体球心小，分枝形成“花菇”；严重时，不形成球块，抗逆性降低。

(三)温 度

猴头菇属中温型菌类，菌丝生长温度为 6℃～33℃，最适温度为 23℃～25℃，6℃以下菌丝几乎停止生长。温度过高，菌丝纤细而稀疏，超过 35℃，菌丝完全停止生长。猴头菇是恒温结实性菌类，原基形成的适宜温度为 20℃～22℃，子实体生长温度为6℃～25℃，最适温度为 16℃～20℃。温度能影响子实体的形态与品质。温度低于 12℃，子实体生长缓慢，容易发红，味苦；温度高于 20℃，子实体刺长，菌球小、松软，容易形成分枝。高于 25℃，原基分化数量降低，生长缓慢甚至停止生长。

(四)光 照

猴头菇菌丝体生长阶段对光照要求不敏感，在完全黑暗中也能正常生长。在 25 勒(克斯)以上的散射光下，菌丝生长速度随光照的增强而降低。子实体的形成和发育需要微弱的散射光，在光照强度为 200～400 勒(克斯)时，子实体长得健壮洁白。过强的直射光则会使子实体发育受阻，菇体变红，产量下降。

(五)空 气

猴头菇是好气性真菌。在菌丝生长阶段对二氧化碳的浓度不敏感，菌丝体适宜生长的二氧化碳浓度为 0.41%～2.05%。在二氧化碳浓度较高时，仍能照常生长，但是当二氧化碳浓度超过5.71%时，菌丝停止生长甚至死亡。子实体生长阶段极喜氧气，当二氧化碳浓度超过0.1%时，子实体不易分化，菇柄拉长、产生珊瑚状分枝，菌刺弯曲成畸形，甚至死亡，所以培养时要经常通风换气。

（六）酸碱度

猴头菇是喜酸性菌类，最适pH值为4～5。

二、栽培时间

猴头菇的发菌时间需30～40天，栽培1次可收3～5茬，约需2个月。在选择自然环境条件下出菇时应根据其生育特性和当地的气候条件确定装袋时间，一般春、秋两季均可栽培。华北地区春季栽培一般在2～3月份制种发菌，4～5月份出菇；秋季栽培一般在8～9月份制种发菌，10月至翌年1月出菇。春季栽培，培养菌丝阶段可适当提早。加温培养，可以延长子实体的生长时间。

三、栽培方法与管理

（一）培养料制作

培养料应选择新鲜、无霉烂变质的阔叶树木屑、棉籽壳、玉米芯、甘蔗渣、麸皮、米糠等。若在培养料中加入少量的磷、钾、镁等矿物质生长会更好。

配方一：棉籽壳80%、木屑10%、米糠8%、石膏粉1%、过磷酸钙1%。

配方二：玉米芯30%、棉籽壳25%、麦麸10%、木屑10%、米糠10%、玉米粉7%、棉籽饼7%、石膏粉1%。

配方三：玉米芯78%、米糠或麦麸20%、石膏粉1%、过磷酸钙1%。

配方四：木屑78%、米糠或麦麸20%、白糖1%、石膏粉1%。

(二)装袋(瓶)

猴头菇主要采用熟料栽培,常见的有瓶栽和袋栽两种方式,瓶栽主要用于层架立体栽培,生产中袋栽最为常用。装瓶时,广口瓶装至瓶肩,小口瓶应装至瓶颈上部,便于子实体长出。装瓶完毕将瓶口整理干净,用木棒在料中心处打孔至瓶底,以利于通气,然后用棉塞封口。袋栽比瓶栽装的培养料多,长出的子实体大。选用15厘米×30～50厘米的聚乙烯或聚丙烯塑料袋,厚0.04～0.05毫米,装料前先将袋口一头用线绳扎好或选用一端封好的袋,料要适度压紧,上下松紧一致,袋口干净,以避免杂菌从袋口侵入。装满料后从中央打通气孔,然后系紧袋口。最好使用塑料颈圈,以利于菇体生长。根据所用塑料袋的大小和出菇方式不同,袋栽又可分为小袋两头出菇和大袋中间多点出菇。

(三)灭　菌

装袋后采用常规方法灭菌。常压灭菌加热至100℃、保持20小时,高压灭菌121℃ 1.5～2小时。

(四)接种与培养

袋(瓶)内料温降至30℃以下时,在无菌条件下进行接种。接种量以干料的10%为宜。接种后将栽培袋(瓶)放在22℃～25℃培养室培养。长袋栽培的要将袋按"井"字形堆码4～5层发菌,每10天翻1次堆,防止烧菌。培养室空气相对湿度应在70%以下,通风良好,黑暗或有较弱的散射光,25～30天猴头菌丝体就能长满瓶或袋。等袋(瓶)口出现原基时,应及时进行催蕾出菇。

(五)栽培管理

猴头菇具有边发菌边出菇的特点,适宜条件下,菌丝体长至半袋(瓶)时,就开始扭结形成子实体,应及时将菌棒移入林下,适时开袋,进入出菇管理阶段。瓶栽的可在层架立体出菇,袋栽的可进行不脱袋出菇或脱袋后覆土出菇。也可以先采用前法出1～2潮菇后再覆土、补水出菇。猴头菇刺毛有明显的"向地性",因此在出菇期不要轻易倒置菌袋，以免刺毛不顺势生长，变成畸形菇。

在出菇期，温度应调控在16℃～20℃，水要勤喷、少喷，不可直接向菇体喷水。空气相对湿度控制在90%左右。湿度过大，会引起子实体早熟、质量差；湿度过低，子实体生长缓慢，易变黄干缩。子实体生长阶段需要200～400勒(克斯)的散射光。若光线不足，子实体原基不易形成，而已形成的子实体会长成畸形菇。但要避免阳光直晒，加强通风换气。二氧化碳浓度过高，易形成珊瑚状畸形菇。高温时，选择在早、晚通风，每次30分钟左右；低温时，在中午通风。

四、菇体采收与采后管理

当猴头菇子实体长到八九成熟、颜色由白开始转为浅黄白色、菇体菌刺长度在0.5厘米左右、孢子尚未大量弹射时，及时采收。如果采收过早，子实体生长不足，产量较低；采收过晚，子实体组织纤维化，苦味重。采收前6小时停止喷水与通风。采收时将子实体从基部割下，及时清除残留菇柄和老菌皮。袋栽的尽量不要割破塑料袋，防止杂菌污染。然后扎紧袋口，通风12小时，停止喷水2～3天，把温度调高至23℃～25℃，促进菌丝的生长。之后喷水保湿，空气相对湿度控制在80%左右，10天左右会出现第二潮原基。一般可收3潮，管理好的可采收3～5潮，整个生产周期正常情况下2个月结束，生物学转化率一般为90%～100%。

第十二节　灰树花

灰树花〔*Grifola frondosa* (Fr.)S. F. Gray.〕又名莲花菌、千佛菌、栗蘑、舞茸。隶属担子菌亚门，层菌纲，非褶菌目，多孔菌科，树花菌属。灰树花具有松蕈芳香，肉质柔嫩，菇体内富含铁、铜、维生素C、硒、铬、灰树花多糖(Grifolan)。具有明显的抗肿瘤功能，可治小便不利、水肿、脚气、肝硬化腹水及糖尿病等，是非常珍贵的食药兼用真菌，被誉为“真菌之王，抗癌奇葩”。

一、生长发育条件

(一)营 养

灰树花是木腐菌，杂木屑、棉籽壳、蔗渣、稻草、豆秸、玉米芯等可作为碳源。有机氮最适宜菌丝生长，几乎不能利用硝态氮，生产中常添加玉米粉、麸皮、大豆粉等增加氮源。维生素 B_1 是子实体正常生长发育必不可少的营养物质。

(二)水 分

菌丝体生长阶段，培养料的含水量为60%～65%。含水量过低出花不整齐，过高则菌丝体分泌黄水过多，影响子实体发生。子实体生长期需要充足的水分，空气相对湿度应保持在85%～90%。湿度过低，子实体极易失水枯死；湿度过高，菇体易腐烂受细菌感染。

(三)温 度

灰树花是中温型菌类，菌丝体生长温度为5℃～32℃，最适温度为20℃～25℃。菌丝耐低温能力较强，能在－196℃的液态氮中保存数年。原基形成的适宜温度为18℃～22℃，子实体生长发育的温度为10℃～25℃，最适温度18℃～23℃，但因菌株不同有所差异。

(四)光 照

灰树花菌丝生长阶段对光线要求不敏感，光照强度为15～50勒(克斯)即可，过强的光线影响菌丝生长。子实体生长需要较强散射光或稀疏直射光，适宜光照强度为200～500勒(克斯)。光线不仅影响子实体颜色、形状、成活率，还可以影响菇体香味。散射光越强，香味越浓，品质越好；光线不足，子实体分化困难、色泽浅，产量低、质量差，甚至不出菇。

(五)空　气

灰树花属强好气性真菌。不论在菌丝生长阶段还是在子实体发生阶段都需要充足的氧气。通气不足,菌丝细弱、分枝少,子实体生长迟缓、不分化,菌盖开片难,并易污染杂菌。因此,培养室要注意通风换气,保证空气新鲜。子实体生长阶段要注意调节通风与保湿二者的矛盾。

(六)酸 碱 度

灰树花适宜在微酸性环境中生长,适宜 pH 值为 5.5～6.5。

二、栽培时间

灰树花菌丝生长较慢,栽培袋发满菌需 50～65 天。而出菇期对温度要求较高,在选择自然环境条件下出菇时,应安排妥当出菇期,算准装袋时间,栽培袋制作应在出菇期向前推 70 天左右。华北地区主要在春、秋两季的适宜出菇期进行栽培。春栽应在 1～3 月份制种发菌,4～6 月份出菇;秋栽 6～8 月份制种发菌,9～11 月份出菇。灰树花的菌丝具有较强的抗衰能力,在低温季节提前排袋可使菌丝连接紧密,充分吸收养分,出菇势强,提高产量。

三、栽培方法与管理

(一)培养料制作

培养料以阔叶树木屑为主料,栗木屑最好。还可以利用棉籽壳、玉米芯、豆秸、谷壳等。因灰树花好氧且抗杂菌能力弱,培养料应新鲜、不宜太细,用前要经日光充分暴晒。

配方一:杂木屑 34%,棉籽壳 34%,麦麸 10%,玉米粉 10%,砂壤土或壤土 10%,石膏粉 1%,蔗糖 1%。

配方二:杂木屑 78%,麦麸 12%,玉米粉 8%,石膏粉 1%,蔗糖 1%。

配方三:杂木屑 75%,麦麸 25%。

配方四:杂木屑 60%,废料 20%,麦麸 5%,玉米粉 5%,砂壤土或壤土 10%。

配方五:杂木屑 50%,棉籽壳 30%,麦麸 6%,玉米粉 12%,石膏粉 1%,蔗糖 1%。

(二)装　袋

栽培袋选用规格为 17～18 厘米×30～35 厘米、厚度为 0.04～0.05 毫米的聚乙烯袋或聚丙烯袋,装料至 15 厘米左右,松紧适中,四周紧中间松,在料中央打洞以利于通气。袋口套套环,加棉塞盖防水纸。扎紧后及时入灶灭菌。

(三)灭　菌

灭菌按常规要求进行,装袋后立即灭菌,灭菌时温度尽快升至 100℃,同时彻底排除冷空气。常压灭菌 100℃维持 20 小时,高压灭菌 121℃维持 1.5～2 小时。

(四)接种与培养

袋内料温下降至 30℃时,按严格的无菌操作规程进行接种,接种量以干料的 10%为宜。接种后把菌袋置于 22℃～26℃的培养室中避光培养,温差不能太大,空气相对湿度控制在 60%～70%,每天通风 1～2 次。30 天左右菌丝可长满袋,并在表面形成菌皮,然后逐渐隆起。这时把菌袋摆稀疏一些,加强光照。15～20 天后培养基表面隆起变成灰白色至深灰色,并分泌出淡黄色水珠即形成灰树花原基,此时应及时将菌棒转入林下进入出菇管理阶段。

(五)栽培管理

目前林下灰树花出菇管理有两种方式,即栽培袋直接出菇和畦栽覆土出菇。

1. 栽培袋直接出菇　菌袋达到生理成熟出现原基时,应将菌袋小心移入林地继续培养 5～8 天。当原基表面逐渐形成蜂窝状并分泌出少许水珠,即可打开菌袋,袋口覆报纸,喷水保湿。此时温度应控制在 15℃～22℃,空气相对湿度保持在 85%～90%,增强光照，每天通风3～4次、每次1小时。待子实体即将长出袋口时去掉报纸，注意调整袋口，以利于子实体开片。

2. 畦栽覆土出菇 是目前较普遍使用的方法。子实体得到覆土层的支撑和保护，生物学转化率明显提高。

(1)做畦 畦深25～30厘米、长和宽可根据林地的实际情况而定。畦边垂直，底面要平。之后在畦内浇一次大水，以保证畦内湿度充分。水渗后在坑底和沟帮撒一薄层石灰，再喷1遍500倍辛硫磷溶液，再在畦底铺2厘米厚一层消过毒的细沙。

(2)排菌和覆土 菌袋与菌袋间距离2厘米左右，空隙间填入经消过毒的沙土，覆土厚度约2厘米，以盖住原基为准。覆土后及时喷水增湿，轻喷勤喷。必须在1～2天内把覆土层土壤调到适宜湿度，以手握土粒不碎不黏手为宜，棚内空气相对湿度保持在80%～90%。调水完毕，在土层表面可覆盖一层经消过毒的麦秸，以保持土壤湿度。用塑料薄膜或尼龙袋将畦四周包严，以防畦边土脱落。菌袋排入畦内10～15天后原基长出土壤。

在出菇期，要控制好温度在18℃左右。灰树花在出菇期要求较稳定的温度，一旦温度降至10℃以下，即使再调到适温，也长时间不能恢复生长。保持空气相对湿度90%左右，增加通风保证氧气充足，增强光照至200～500勒(克斯)，以满足灰树花对光线和氧气的较高要求。灰树花畸形菇多是由于环境不协调造成的，如原基黄化萎干不分化是通风大、湿度小造成，小散菇是由于通风小、缺少光照造成，黄肿菇是由于湿度大、通风不良或高温造成，原基不生长多是由于覆土厚、浇水过勤、浇冷水生长缓慢造成。

四、菇体采收与采后管理

当灰树花的子实体八成熟、菌盖充分展开、菌盖外缘无白色生长点并稍内卷、颜色呈浅灰黑色时，要及时采收。采收前1～2天停止喷水，尤其不能向菇体喷水。采收时，将两手伸平，插入子实体底下，在根的两边稍用力，同时倾向一个方向，菌根即断。灰树花质地较脆、易折断，要注意轻拿轻放。覆土栽培的灰树花采收后要及时用小刀将菇体上的泥沙去掉。灰树花采收后要及时清理料面，其根部不要喷水，以利于菌丝复壮。3 天后继续按出菇前的方法管理，15～30 天后又长出第二潮菇。

第十三节 毛木耳

毛木耳〔*Auricularia polytricha*（Mont.）Sacc.〕隶属真菌门，担子菌亚门，层菌纲，木耳目，木耳科，木耳属。毛木耳是木耳属中的一个著名种，是我国主要栽培的食用菌之一，栽培始于 20 世纪 70 年代末 80 年代初。毛木耳朵型大，肉质厚，质地脆嫩，口感好。目前我国毛木耳栽培品种有 30 余个，黄背木耳和白背木耳是最主要的栽培品种。

毛木耳分布于我国的吉林、黑龙江、山东、内蒙古、河北、河南、山西、陕西、安徽、江苏、浙江、江西、湖南、湖北、云南、贵州、四川、甘肃、青海、西藏、广西、广东、福建、海南、台湾等省、自治区。南美洲和北美洲也有分布。海拔高度达 3 400～3 800 米，跨越我国东北的大兴安岭、小兴安岭、长白山，向南沿太行山、伏牛山、大别山直至江西中部的井冈山，湖北、陕西的大巴山、秦岭山脉和四川东部，南方的五指山、岭南地区。在云南山区最多。

毛木耳质地较黑木耳粗硬，但耐嚼、脆滑、厚实且朵型大。据北京食品研究所分析，每 100 克干品含粗蛋白质 7～9.1 克、粗脂肪 0.6～1.2 克、碳水化合物 64.6～69.2 克、热量 1230.1～1334.7 千焦、粗纤维 9.7～14.3 克、灰分 2.1～4.2 克，还含有胡萝卜素 0.01 毫克、硫胺素 0.09～0.36 毫克、抗坏血酸 7.04～8.35 毫克以及烟酸 1.7～4 毫克。据中国科学院成都生物所分析，毛木耳干品中总氨基酸量占 4.68%。其中 7 种为人体必需氨基酸，占总氨基酸量的 42.31%。其他氨基酸及矿质元素含量见表 4-1 和表 4-2。

表 4-1　毛木耳子实体氨基酸含量　(%)

氨基酸	含量	氨基酸	含量	氨基酸	含量	氨基酸	含量	氨基酸	含量
赖氨酸	0.30	异亮氨酸	0.26	亮氨酸	0.40	蛋氨酸	0.12	精氨酸	0.32
苏氨酸	0.26	缬氨酸	0.40	色氨酸	—	组氨酸	0.10	甘氨酸	0.23
酪氨酸	0.12	胱氨酸	0.00	脯氨酸	0.20	丙氨酸	0.40		
谷氨酸	0.55	天门冬氨酸	0.50	丝氨酸	0.28	苯丙氨酸	0.22		

表 4-2　毛木耳子实体矿质元素含量　(毫克/克)

钾	钠	钙	镁	磷	铁	铜	锰	锌	钼	钴
389.74	18.32	37.84	766.10	83.00	131.70	7.21	17.25	38.91	0.67	0.55

毛木耳有益气强身、活血、止血、止痛之功效。可治寒湿性腰腿疼痛、产后虚弱、抽筋麻木、外伤引起的疼痛、血脉不通、手足抽搐、白带过多、便血、痔疮出血、子宫出血、反胃多痰、生疮久不封口等病症。现代药理试验表明，其具有抗凝血、耐缺氧和抗衰老以及降脂等作用。随着近年来在抗肿瘤、止血凝血、抗衰老等药效的医学发现，可望作为低廉的抗癌药物原材料，成为药物原料库中一种新的资源。

一、生长发育条件

(一)水　分

毛木耳菌丝培养基质的含水量以 60%左右为宜。培养室空气相对湿度在 60%～70%时，培养料的含水量可以保持恒定；低于 60%时，空气干燥，培养料水分易蒸发；高于 70%时培养室内较潮湿，易引起杂菌污染。子实体形成期对栽培环境空气相对湿度的要求较高、以85%～95%为宜，喜干湿交替的环境。

(二)温 度

毛木耳是一种中温偏高、恒温结实型菌类。菌丝生长对温度的适应范围较广，在10℃～38℃都能生长，而以25℃～30℃比较适宜。在较低的温度条件下，毛木耳菌种、菌袋可以保藏较长时间，较耐老化。子实体发生在温度18℃～34℃、适温为24℃～28℃时，培育出来的木耳产量高、质量好；温度超过30℃，生长快、耳片薄、色红而毛稀；温度低于15℃，耳基形成、分化均十分迟缓。

(三)光 照

毛木耳在菌丝生长阶段不需要光线，如光线过强，菌丝容易从营养生长转为生殖生长，菌丝会聚集成黄褐色胶状物。但毛木耳子实体在完全黑暗的条件下不生长。当菌丝长满后开口前5～7天适当增加光线有利于原基的形成，但不宜过强。光线太强，耳片背面绒毛不白；若光线太暗，耳片正面不黑，即黑白不分明，易长出品相不佳的产品，降低经济价值。

(四)空 气

保持新鲜空气，是毛木耳正常生长发育的重要条件。二氧化碳浓度过高，会影响毛木耳的呼吸活动，出现畸形或不开片，因此应加强通风换气。

(五)酸碱度

培养基的酸碱度对毛木耳菌丝的生长影响很大。毛木耳喜欢在微酸的环境中生长。菌丝最适宜生长的pH值为6～7。

二、栽培时间

当气温稳定在15℃以上时即可栽培。京、津和河北、山东等北方地区可在11月下旬至翌年4月份制种和制袋培养，比较适宜的出耳时间为5月上旬至10月上旬。

三、栽培方法与管理

(一)栽培种配方

毛木耳是一种木腐菌类,分解木质素、纤维素的能力强。其栽培主料有阔叶树锯木屑、棉籽壳、玉米芯、花生茎蔓、玉米秸等,辅料主要有麦麸、米糠、玉米粉、饼粉、蔗糖、尿素等。还需要钙、镁、磷、硫、钾、钠等矿物质元素。常用的高产配方有以下几种。

配方一:阔叶树木屑 80%,麦麸或米糠 15%,玉米粉 3%,石膏粉 1.2%,磷酸二氢钾 0.5%,尿素 0.3%。

配方二:阔叶树木屑 55%,棉籽壳 30%,麦麸 12.5%,糖 1%,石膏粉 1.5%。

配方三:花生茎蔓粉 53%,玉米芯 25%,麦麸 12%,棉饼粉 5%,玉米粉 3%,石膏粉 1.2%,磷酸二氢钾 0.5%,尿素 0.3%。

配方四:玉米芯 60%,棉籽壳 32%,麦麸 5%,木耳有机配合专用肥 3%。

以上配方培养料含水量控制在 60%~65%。实践表明,采用多种原料混合培养,比单一原料产量高。棉籽壳和花生茎蔓栽培料产量较高。

(二)制袋、灭菌与接种

培养料加水拌匀后为了提高制袋成品率,可先将培养料堆积发酵 4~5 天(发酵前用石灰水调 pH 值至 7.5~8),其间翻堆 2~3 次,可提高灭菌效果,有利于菌丝生长。翻堆时要补充水分,前期水分控制在 65%,后期控制在 60%左右。手工装袋可选用 17 厘米×33 厘米的聚丙烯塑料袋。装袋时要松紧适中,用直径 1 厘米尖头木棒在培养料中间打孔,出耳端扎好口。机械装袋一般选用 15 厘米×55 厘米塑料袋,每袋可装干料 2 000 克。装袋完毕应及时灭菌,以免料发酸变质。通常采用常压灭菌,灭菌时间维持 20 小时,再继续焖 12 小时效果更好。

(三)发 菌

接种后的菌袋放到培养室或大棚培养。培养室应清洁、避光、冬暖夏凉、易于通风换气、地面干燥。在放置菌袋前应先消毒，对内壁进行石灰水粉刷，地面撒石灰粉，用70%甲基硫菌灵可湿性粉剂800倍液在室内喷雾。菌袋按“井”字形交错堆叠起来，每垛7～8层，或将接种后的菌袋堆成墙式。培养前3天室内温度最好保持在25℃～28℃，空气相对湿度以不超过70%为宜。之后培养室温度控制在22℃～25℃，接种后7天内不要翻动。高温季节可采用白天关门窗、夜间开窗通风降温；低温季节要采取保温通风措施。在发菌管理期间，还要经常检查处理杂菌污染袋。红色镰孢霉是主要侵染物，发现时可用棉花团蘸煤油或柴油塞入破口处或涂于袋口，以控制孢子飞散传播；被绿霉、黄曲霉污染的菌袋要清出隔离培养，防止蔓延传播；若发生螨类、瘿蚊和跳虫等害虫，可定期用阿维菌素制剂、菇净等药剂稀释液喷洒。一般经过35～40天菌丝可长满袋，即可入林下开口栽培出耳。

(四)入林管理

1. 场地与设施安排 一般选在交通便利、地势平坦、用水方便的4年生以上杨树人工林作为出耳场所。小拱棚搭建方法见第一章。

菌棒的菌丝长满整个袋筒，夜间气温维持在15℃以上即可开口入棚。开口前利用微喷系统连续大水喷洒地面以增加小拱棚内的湿度。开口时用利刃在每个袋筒上均匀划成2行，每行开4个长约4厘米的条形小口，深入料内1～2毫米，加上原有接种孔共11个口。开口时刀刃要均匀划透塑料膜，不能断断续续。开口深度、大小要适宜，开口时用刀去掉老的菌种块，收集后统一处理。开口后菌棒斜靠在铅丝上，注意摆放均匀，棒与棒之间相隔30厘米左右，此时每平方米约可放置15棒，每667平方米地可摆放1万棒左右。

棚膜夜间放下保温，白天适当打开通风，棚内温度应保持在18℃～30℃，空气相对湿度80%左右，湿度过低可向棚内喷雾状水。开口后进入出耳管理阶段。

2. 出耳管理 出耳阶段可分为耳芽发生期和耳片伸展期。

(1)耳芽发生期 此期间主要是催芽管理，时间7～10天。管理措施主要是：控制出耳温度在18℃～25℃，适时、适量通风。开袋后经3～5天，待开口处料面有气生菌丝形成后才轻度空间喷雾，保持棚内空气相对湿度85%～90%，以促进耳基分化。在林下散射光和适当降温、保湿的刺激下形成耳蕾。

(2)耳片伸展期 这一时期耳片生长迅速，新陈代谢旺盛，因此要注意补水和通气。耳片小时少喷水，每天早、晚喷雾1～2次即可，喷水时要勤、轻、细，保持空气相对湿度在85%～90%。在耳片较大时特别是中后期要多喷水，空气相对湿度在85%～95%。

毛木耳的子实体富含胶质，耐旱能力较强。利用此特点，采用干湿交替的水分管理方法促进毛木耳的子实体生长，保持耳片湿润不滴水为宜。控制温度在24℃～28℃。经常进行通风换气，避免高温、高湿持续时间过长，以预防流耳病的发生。喷水时要结合通风，不喷关门水，随着耳片增大而增加通风量。当耳片长至5厘米左右，可停水5～7天，使耳片边缘干燥，以增加耳片厚度和达到面黑、背白的效果，然后再加大喷水量，这是耳片增厚的技术关键。通过干湿交替的管理，把耳片生长期适当延长，达到增厚耳片的目的。当耳片边缘内卷弯曲，即进入生长成熟采摘期。一般从原基形成到采收，时间越长木耳品质越好。

四、菇体采收与采后管理

毛木耳要适时采收。过早采收会影响第一茬毛木耳的产量；过迟采收，不仅质量变差，产量受影响，而且还将延迟下一茬耳芽形成。当毛色已转白、耳片颜色转淡并充分舒展、边缘开始弯曲时即可采摘。采收时托住耳片，用手顺着耳缘，插入基部轻扭摘下，不要强拉，以免撕破耳片。出耳整齐的应一次性全部采收；出耳不整齐可采大留小，此时应注意小耳芽的保护。采收前7～10天，应减少喷水，使毛色转白。采收前停水3～5天。每茬采收后用刀尖轻轻挖出耳基或采收时应轻轻将耳片连同耳基一起采下，采下的毛木耳及时把耳蒂剪干净。

采收后3～5天内减少喷水量，使菌丝得以复壮，待出现新耳芽后重复第一茬管理，共可收3～4潮耳，鲜耳总生物转化率可达120%～130%，且优质商品率达80%以上，经济效益显著。

第十四节　黑 木 耳

黑木耳〔*Auricularia auricula* (L. ex Hook.) Underw.〕又名木耳、木蛾、树鸡、木机、云耳等。隶属真菌门，担子菌亚门，层菌纲，木耳目，木耳科，木耳属。黑木耳是一种大型真菌，菌丝体无色透明，由许多具横隔和分枝的管状菌丝组成；子实体薄而呈波浪形，形如人耳。子实体初生时为杯状，后渐变为叶状或耳状。子实体单生或聚生，直径一般4～10厘米。

黑木耳含有大量的碳水化合物、蛋白质、脂肪、铁、钙、磷、胡萝卜素、维生素 B_1、纤维素 B_2 和维生素C等营养物质。据专家测定，每100克黑木耳含蛋白质10.6克、脂肪1.2克、碳水化合物65.5克、粗纤维7克、钙357毫克、磷201毫克、铁185毫克，还含有烟酸等多种维生素和无机盐、磷脂、植物固醇等。黑木耳中铁的含量比肉类高100倍；B族维生素的含量是米、面、蔬菜的10倍，比肉类高3～6倍；钙的含量是肉类的30～70倍；磷的含量也比鸡蛋、肉类高，相当于鲫鱼的7倍，是番茄、马铃薯的4～7倍。

《本草纲目》中记载，黑木耳"性甘平，主治益气不饥"等。近代医学工作者最新发现，黑木耳具有清肺、润津、去淤生新的功效，还可以促进人体血液循环，治疗冠心病等。黑木耳中含有丰富的纤维素和一种特殊的植物胶质，能促进胃肠蠕动、加速肠道脂肪食物的排泄、减少食物脂肪的吸收。黑木耳内还有一种类核酸物质，可以降低血中的胆固醇和甘油三酯水平，对冠心病、动脉硬化患者颇有益处。黑木耳中的多糖有抗癌作用，可以作为肿瘤病人的食疗。

在我国，通常将黑木耳产区分为以下三片：①东北片——辽宁、吉林、黑龙江。②华中片——陕西、山西、甘肃、四川、河南、河北、湖北。③南方片——云南、贵州、广西、广东、湖南、福建、台湾、江西、上海。

一、生长发育条件

(一)营　养

黑木耳是一种腐生性很强的腐生菌，在自然界中生于多种阔叶树的枯枝上，完全依赖基质中的营养物为生。它主要吸收碳水化合物和含氮物质。碳源主要是葡萄糖、蔗糖、淀粉、纤维素和木质素等，氮源主要是氨基酸和蛋白质等。还需要少量的钾、钙、镁和磷。黑木耳主要靠其分泌出的多种酶来分解、吸收和利用基质中的营养成分。

(二)水　分

一般雨水多的年份是黑木耳丰收年，空气相对湿度在90%～95%时菌丝生长旺盛，耳丛大，耳肉厚。但水分过多，会抑制菌丝生长或导致死亡，造成子实体腐烂。空气相对湿度在80%以下时，子实体发育慢、肉薄质硬。一般年降水量在800毫米以上地区，都能在自然条件下生产黑木耳。

(三)温　度

黑木耳是中温型真菌。菌丝在15℃～36℃均能生长，以22℃～32℃发育最好。黑木耳可以抵抗一定的低温，也能抗短时间高温，在38℃以上生长受抑制。子实体在16℃～32℃均能生长，20℃～25℃最为适宜。孢子在22℃～32℃均能萌发。

（四）空　气

空气新鲜是黑木耳生长的一个必要条件，尽管它对二氧化碳的敏感性不如银耳和灵芝。保持生长环境的空气流通还有助于防止杂菌蔓延。

（五）光　照

黑木耳菌丝生长不需要光照。但是光照刺激能促进子实体的形成，光照还影响子实体色泽。在完全黑暗条件下子实体无法生长，光照过强则对子实体发育产生抑制。

（六）酸碱度

黑木耳在pH值为5～6.5的弱酸性环境中发育最好，特别是制菌时调节培养基为微酸性有利于菌丝生长。但采用段木培养时不考虑pH值。

二、栽培时间

袋料栽培黑木耳可安排在春、秋两季。春季出耳应安排在出耳前2个月备料、制袋。例如，在12月下旬制作母种，翌年1月份制作原种及栽培种，2月份制作菌棒，4月中旬排场、进入出耳管理。秋季8～9月接种或气温在22℃以下制袋。

三、栽培方法与管理

（一）栽培种配方

配方一：阔叶树枝木屑20％，棉籽壳50％，玉米芯等各种农作物秸秆20％，麸皮10％。

配方二：阔叶树枝木屑70％，各种农作物秸秆20％，豆饼或棉籽饼5％，麸皮5％。

配方三：棉籽壳60％，作物秸秆30％，麸皮10％。

配方四：棉花秆粉碎屑60%，棉籽壳30%，麸皮10%。

以上各配方，按100千克主料加辅料磷酸二铵0.6千克、石膏2千克、石灰0.5千克。能够用来栽培的原料还很多，只要注意营养搭配，掌握碳氮比为30～40∶1即可。

（二）拌料装袋

人工或小型拌料机拌料。操作要点：①把主料及各辅料充分拌匀，使培养料含水量达60%～65%，紧握培养料，指缝间有水珠而不下滴为宜。② 当天拌料务必当天装完菌袋，当天上锅灭菌，以免培养料发酸变质，影响菌丝萌发吃料。

人工或装袋机装袋均可。料袋采用18～20厘米×40～45厘米聚丙烯筒袋。操作要点：①装好的袋面应光滑无褶，料面平整（若袋面起褶，该部位出耳划口时袋料分离易聚积冷凝水，冷凝水变黄后易产生杂菌污染，不利于子实体形成）。②当培养料装至袋口的高度后按平料面，用直径2～3厘米的扎孔器在料中间打一孔至料底，然后按顺时针旋转将扎孔器拔出。把袋口收紧，套上颈圈，塞上棉塞。

（三）灭　菌

常压灭菌参照第三章操作。

高压灭菌要点：①升压前将锅内冷空气排尽。其方法是当压力升到0.5千克/厘米^{2}时，慢慢打开放气阀，徐徐放气。当指针压力降至0，关上放气阀，再次升压至1.2千克/厘米^2，维持2小时，停火。②烘干棉塞。等指针降到0后，打开放气阀，将锅盖掀开1/3，让锅内余热将袋口棉塞烘干。这一点非常关键，能避免湿棉塞造成的杂菌污染，可提高后续发菌的成功率。

（四）接　种

在灭菌室内把菌袋晾凉至25℃左右，同时开启臭氧发生器空间消毒。接种时关闭臭氧发生器，开放接种操作。由于在灭菌室内原地接种，避免了人工搬运菌袋造成的污染，加上开放接种，速度快，可将因接种造成的污染率控制在3%以内，较适宜大批量生产。

(五)发　菌

2～4月份发菌，环境温度低，宜室内进行。操作要点：①发菌室内具备增温、保温、通风的条件，光线应黑暗。②培养前7天，室内温度应保持25℃～28℃、空气相对湿度60%左右，尽量少通风。③菌丝吃料1/3后加大通风量，维持温度22℃左右，绝不超过25℃。④菌丝长至袋的一半后把温度降至20℃以下培养，菌丝生长健壮，出耳产量高。只要温、湿度适宜、空气新鲜，一般菌袋45天左右长满菌丝。

(六)出耳管理

黑木耳菌丝在黑暗的环境中也能生长，但散射光条件有促进作用。子实体在黑暗环境中很难形成。在微弱的光照条件下子实体发育不良，质薄呈浅褐色。在光照充足的条件下，子实体颜色深、长得健壮。只要有高的湿度，强烈的阳光也抑制不住黑木耳的生长。因此，黑木耳在生产上较为适合选择阳光充足的地点作为栽培的场所。在林下栽培黑木耳，通常采用畦栽的方式。

1. 做出耳畦　做畦前先清除杂草，开沟防止积水，并喷洒杀虫剂杀灭害虫。然后在林地内顺树行修建出耳畦。畦的深浅应按地势高低来定，积水低洼地应做高出地面18～20厘米的耳畦；平地不好排水的地方，应做高出地面7～10厘米的耳畦；排水良好的地方，应做低于地面10～15厘米的耳畦。畦面宽1～1.5米，长度依林带长度而定。畦间作业道留0.5米左右即可。

2. 耳畦处理　做好的耳畦内缓慢浇1次重水，使畦面渗透水分。用40%二氯异氰尿酸钠可湿性粉剂喷雾做杀菌处理，用菇净喷雾做杀虫处理(两种农药均为食用菌登记用药)。

3. 菌棒摆放　去掉棉塞和颈圈，将袋口扎紧，用刀片在菌袋上划口，但要注意不要在袋料分离处和起褶处划口。不要在袋内形成原基处划口，应在袋料紧贴处划“V”形口。“V”形口角度

45°～60°，斜线长度2.5厘米左右，划口深度0.5厘米左右。每袋划15～18个口，分3排，呈“品”字形排列。划完口的菌袋立摆在畦中，袋间距10～15厘米，盖塑料膜保温、保湿，注意定时通风。

4. 耳基形成期管理 这个阶段一般需7～10天。管理要点：保持畦内小环境空气相对湿度80%左右，温度15℃～25℃，5～7天可显子实体原基。这期间菌蕾怕淋水，不要掀膜（避免雨淋），不要喷水。

5. 子实体分化期管理 珊瑚状耳基长至杏核大圆球后上面开始分化出小耳片。管理要点：拉大温差。中午温度高时，把畦上薄膜盖紧4～6小时，两边掀起通风（尤其夜间空气湿度大、环境温度低，更应通风），但要保持空气相对湿度85%左右。此阶段为5～7天。

6. 子实体生长期管理 当划口处已被子实体完全封住、菌蕾边缘耳片逐渐向外伸展时，可逐渐加大喷水量，尽量喷雾状水；去掉覆膜，加大通风。林中夜间湿度大，白天只需每天喷雾1～2次水，就可保持空气相对湿度达90%。当耳片长至2厘米时可往耳片上喷大水了。这期间若发现子实体长得慢，停水2～5天，加大通风，让菌棒菌丝有个休息养生的时间，促使菌丝向基内深入生长，吸收和积累养分。经过几天的积聚营养，再提高湿度（喷水催耳），让耳片充分吸透水展开、迅速生长。子实体生长期需7～10天。

四、菇体采收与采后管理

（一）耳片采收

当耳片展开并富有弹性、边缘内卷呈波浪形且变薄、耳根收缩、快要弹射孢子时即可采收。采摘最好在雨后天晴进行，或者晴天的早晨露水未干时进行。遇连续降水，成熟的子实体也应及时采收，以免烂耳，造成损失。采收时应用手顺着耳缘插入基部摘下，不要强拉耳片，以免撕破影响质量。采摘时应注意及时清除残片，以免腐烂引起杂菌侵染。

采收下来的木耳，用清水洗净泥沙杂质，然后在烈日下晒干，若遇阴雨则应及时烘干。烘晒时应单层摊放，互不重叠以免粘连。未干之前不宜翻动，以免耳片卷成拳耳影响产品质量。黑木耳的干品，应密封在无毒的塑料袋内，以防吸潮变质。凡装过农药、化肥、化学药品及其他有害物质的包装袋，不能用于包装黑木耳。

根据商业部提出的黑木耳分级标准，一共分为 3 个等级，其质量标准如下。

一级：朵片完整，不能通过直径 2 厘米的筛眼。耳面黑褐色、有光感，背面暗灰色。没有拳耳、流耳、虫蛀耳、霉烂耳。含水率不超过 14%，松度 1∶15 以上。耳片厚度 1 毫米以上。灰土杂质不超过 0.3%，粗蛋白质不低于 7%，总糖 22%，粗纤维 3%～6%，灰分 3%～6%，脂肪不低于 0.4%。

二级：朵片基本完整，不能通过直径 1 厘米的筛眼。耳面黑褐色，背面暗灰色，没有拳耳、流耳、虫蛀耳、霉烂耳。含水率不超过 14%，松度 1∶14 以上。耳片厚度 0.7 毫米以上。灰土杂质不超过 0.5%，化学指标与一级相同。

三级：朵小或成碎片，不能通过直径 0.4 厘米的筛眼。耳片多为黑褐色至浅棕色。拳耳不超过 1%，流耳不超过 0.5%，没有虫蛀耳、霉烂耳。含水率不超过 14%，松度 1∶12 以上。灰土杂质不超过 1%，化学指标与一、二级同。

(二)采后管理

每采完一茬耳，结合菌棒间歇期，将整个耳场消毒杀虫。一般 5 天左右、新菌蕾呈现后再按上述方法管理。每投一批料，可采 3 茬耳，生物学效率可达 120%。

第十五节　榆　耳

榆耳〔*Gloeostereum incamatum* S. Ito et Imai〕学名肉红胶韧革菌，别名榆蘑、肉蘑。隶属担子菌亚门，层菌纲，非褶菌目，付革菌科，胶韧革菌属。

榆耳子实体无柄，单生或者覆瓦状叠生，粗细均匀。初生时平伏或呈不规则脑状，开片后呈肾形。菌盖表面乳白色或粉红色，大小为 3～15 厘米。幼时质地柔嫩，富有弹性，半透明、胶质，干时收缩、坚硬，变为深褐色或咖啡色。榆耳子实体食之质如海参，柔韧肥厚，肉若蹄筋，口味鲜美、滑润、可口。主要含蛋白质、碳水化合物、维生素 E、维生素 B_1、维生素 B_2、钙、磷、铁、锌等微量元素，其中谷氨酸与赖氨酸含量较高，100 克干品中含谷氨酸 1 671 毫克、赖氨酸 408 毫克。

榆耳的子实体药用价值较高，对治疗痢疾等胃肠系统疾病具有特殊的疗效。民间用于治疗红白痢疾、痔疮、皮炎、腹泻、肠炎等疾病。通常用榆耳与大枣、红糖同煮来治疗痢疾。

野生榆耳自然分布于我国的黑龙江、吉林、辽宁三省和日本的北海道。

一、生长发育条件

(一)水　分

榆耳菌丝生长阶段要求含水量为 60％～65％，子实体生长发育阶段要求空气相对湿度在 90％～95％。湿度低于 70％(也有报道为 80％)很难形成原基，即使形成原基也很难分化成耳片，最终枯萎死掉。

(二)温　度

榆耳菌丝在 5℃～30℃条件下均可生长，最适温度为 25℃～

27℃。在5℃～30℃均可形成子实体、原基，15℃～19℃为最适宜。在10℃～25℃均可分化成耳片，最适温度为14℃～19℃。温度低时，耳片色泽加深、耳片增厚，质量好，但所需时间长，生长发育较慢。温度高时耳片色泽变浅、耳片较薄，时间短，生长快，质量差。

(三)光　照

榆耳菌丝体在弱光和无光条件下均可生长，在散射光条件下菌丝生长发育效果好、菌丝洁白粗壮。强光条件下菌丝分枝少，发育较差。子实体生长发育时以散射光效果最好，光线过强或完全黑暗均不利于子实体形成。

(四)空　气

榆耳属好氧菌。菌丝生长阶段和子实体形成、原基分化阶段如果通风条件不良，形成子实体或原基发育畸形呈脑状。

(五)酸碱度

榆耳菌丝生长最适宜pH值为5.5～7。

二、栽培时间

野生榆耳一般在秋季采摘。耳片形成的适宜温度为14℃～20℃。北方地区可利用自然条件，在春、秋两季进行林地人工栽培。春季一般选在3月底至6月初为出耳期，秋季一般选择10～11月作为出耳期。

三、栽培方法与管理

(一)栽培种配方

榆耳属褐腐菌。菌丝在多种基质上均能生长，以富含纤维素和淀粉、且木质素含量低的基质最佳。在生产中以棉籽壳、废棉作为培养基的产量为最高，其次是玉米芯、花生壳、木屑。以废棉为主料相对生物学效率可达200%～250%，以棉籽壳为主料栽培的相对生物学效率可达120%～200%，而以木屑、玉米芯等为主料栽培的相对生物学效率仅60%～90%。榆耳宜用全熟料、小袋、封闭式点接的方法进行栽培。常用的培养基配方如下。

配方一：棉籽壳57%，废棉20%，麦麸10%，米糠5%，玉米粉5%，石膏粉1%，食糖1%，过磷酸钙1%。

配方二：木屑40%，棉籽壳37%，麦麸10%，米糠5%，玉米粉5%，石膏粉1%，食糖1%，过磷酸钙1%。

配方三：棉籽壳77%、麦麸20%、糖1%、石膏1%、黄豆粉1%。

配方四：阔叶树木屑56%，棉籽壳40%，豆粉3%，磷酸二氢钙0.4%，硫酸镁0.4%，多菌灵0.2%。

以上配方含水量均为60%～65%。

(二)灭菌、接种和发菌

装料灭菌接种工艺同其他食用菌相似，但灭菌时间比黑木耳、毛木耳等略长，灭菌是其栽培能否成功的关键。

将接种后的菌袋直立于事先经灭菌处理的培养室架上，袋间距1厘米，在黑暗条件下发菌。也可横卧于地下，"井"字形摆放，不超过10层。室温控制在20℃～26℃，空气相对湿度控制在70%左右。如果室内湿度过低，则喷雾状水。暗光发菌，保持室内空气清新。

发菌过程中要注意检查杂菌。在发菌第三天开始对栽培袋进行检查，发现有污染的菌袋时及时剔出。发菌管理过程中，每7天按(10毫升甲醛+5克高锰酸钾)/米^{3}的用量对培养室消毒1次，同时注意防虫、灭鼠。一般40天左右菌丝可长满菌袋，逐渐进入生理成熟期。

(三)入林管理

1. 栽培方式 林下栽培榆耳采取类似黑木耳畦栽的方式进行，也可采取类似毛木耳林下小拱棚栽培方式，需要注意的是光照、温度和湿度控制及收后管理等方面的差异。

2. 原基形成期管理 摆放菌棒的同时进行"V"形划口，划口为斜线，要求长 2 厘米左右、深 0.5 厘米左右，利于菌丝扭结形成原基，过大或过小效果均不理想。菌袋排好后盖上草帘，经过 7 天左右即可形成乳白色不规则凸起物，此时为原基形成期。小拱棚栽培时按毛木耳摆放方式摆放即可。

在原基形成期间，调节温度在 17℃～22℃，空气相对湿度控制在 70%～80%，并给予一定的光照刺激。当菌丝长满后不需达到生理成熟即可给予一定的光照刺激，光照强度 15～100 勒（克斯），诱导原基形成。一般经 7～10 天即可在培养基表面出现乳白色不规则凸起物（即原基）。

3. 出耳期管理

（1）原基分化期 原基充分膨大、厚度 1～1.5 厘米、直径 3 厘米，表面凹凸不平，耳片形成即进入分化期。此时要加强通风，并向棚内喷水增湿，使空气相对湿度保持在 85%～95%。若湿度不够，也可直接向原基表面喷水，喷水后要及时通风，使原基表面水分晾干，以防腐烂。温度控制在 14℃～16℃，若温度过低则不易形成耳片，过高则原基会继续膨大，使培养基表面长满原基，影响耳片的形成，耳片生长过密，朵形也较差，影响品质。

（2）耳片伸展期 原基分化后当耳片长至 3 厘米时，温度控制在 15℃～18℃，不要超过 18℃；当耳片超过 3 厘米时，适宜的温度范围扩大，在 14℃～20℃均可，但以 18℃为最佳。每天喷水 4～5 次，保持耳片湿润。水分不足耳片质量差，产量低。当耳片长至 4 厘米时，培养料出现收缩现象，适当控制水量，防止水分进入袋内引起厌氧发酵而酸败。在展片期间要给予适量光照，以提高产品色泽。

四、菇体采收与采后管理

成熟的子实体由浅粉色转深红色，耳片充分伸展、边缘卷曲，耳片富有弹性、半透明与果冻相似，标志着子实体完全成熟，要及时采收。

采收前1天要停止喷水，用干净的小刀沿耳根基部割下，不留耳根以免杂菌污染。也可采用割耳的方法进行采收，留0.3～0.5厘米长的耳基进行第二茬出耳，可以缩短生产周期，一般可出2～3茬耳。第一茬耳采收后应停止喷水，同时加强通风，弱光养菌，使菌丝快速恢复生长，积累养分，进行第二茬耳培养。

采收后耳根或料面不可喷水，并将耳根创口暴露于空气中。待耳基稍见收边、创面不粘时，将袋口松扎养菌，直到创面萌生一层白绒菌丝层后才能根据情况补水或喷水。补水可用注水器进行，不能用浸水的方法给菌棒补水，也不可将水直接喷洒到耳根上。一般在补水4～7天即可从创口平面上长出新的子实体。第二茬子实体发育较快，从耳基表面愈合、组织化至耳片初现、子实体发育成熟需1～2周即可。第二茬是在第一茬耳基上形成的，因此第二茬的采收方法是摘取而不是用刀割。

第十六节　榛　蘑

榛蘑〔*Armillariella mellea*（Vahl ex Fr.）Kavst.〕又名铄蘑、草蘑、根索蕈，学名蜜环菌。隶属于担子菌亚门，层菌纲，伞菌目，白蘑科，蜜环菌属。能寄生于多种木本、草本植物上，而且它是天麻生长发育中不可缺少的生物因子，栽培天麻同时也必须栽培榛蘑。它是温带至热带地区广泛分布的著名食药兼用的真菌。分布于我国河北、山西、吉林、黑龙江、福建、浙江、湖南、湖北、广西、四川、云南、西藏、陕西、甘肃、青海、新疆等省、自治区。

榛蘑鲜菇味道鲜美，干菇含粗蛋白质11.4%、脂肪5.2%、维生素5.8%。子实体中含有丰富的蛋白质和氨基酸，其中对脑神经有益的谷氨酸和天门冬氨酸含量最高。此外，还含有丰富的钙、钾、磷和微量元素(铁、铬、铜、硼、锌等)。子实体中还含有D-苏来醇、维生素A,具有治疗腰腿疼痛、癫痫、佝偻病的功效。经常食用榛蘑可预防视力减退、夜盲症、皮肤干燥,增强人体对某些呼吸道和消化道传染病的抵抗力。国外学者从子实体中分离出两种多糖,一种为水溶性葡聚糖,另一种为多肽葡聚糖。经动物实验证明,后者对小白鼠肉瘤S-180的抑制率为70%,对艾氏癌抑制率为80%。日本学者从子实体中分离出一种AMG-1的化合物,对大脑有保护作用和镇静作用,并能抑制运动。该菌的固体发酵制品(蜜环菌片)对高血压、椎基底动脉供血不足、梅尼尔症、自主神经功能紊乱等疾病引起眩晕的病人治疗效果较好,对肢麻、失眠、耳鸣、血管性头痛和中风疑症等也有疗效。此外,该菌的培养物和发酵液中,含有4种可溶于氯仿的酚类化合物,对革兰氏阴性菌、真菌和病毒有抑制作用。目前,蜜环菌系列医疗保健产品不断被开发出来,如脑心舒口服液、健脑露、蜜环菌浸膏和蜜环菌糖浆等用于降低高胆固醇血症、高甘油三酯血症,还用于治疗高血压。

一、生长发育条件

(一)营　养

榛蘑能利用各种碳源(单糖、双糖、多糖、三元醇和六元醇),当营养液中浓度不足(低于0.23%)或过剩(高于12.5%)时,菌丝生长缓慢。对复杂的有机物如淀粉、纤维素和木质素有旺盛的分解能力。在适宜的温度和酸碱度条件下,酶活力强,分解作用旺盛。菌丝能吸收有机氮和无机氮,在营养液中有硫酸铵、氯化铵、磷酸二氢铵、天门冬素、蛋白胨时,这些物质的浓度在0.125%～0.5%,均可促进菌丝体旺盛生长。营养液中磷的浓度为1%～2%时,对菌丝生长有促进作用。

(二)水　分

培养基适宜含水量为55%～65%,以60%为最适宜。空气相对湿度低于60%时菌丝生长十分缓慢,适宜子实体生长发育的空气相对湿度为90%~95%。

(三)温　度

菌丝生长温度为6℃~35℃,最适温度为24℃~28℃。低于8℃或高于30℃菌丝仅能微弱生长,低于5℃或高于35℃生长停止,长期在39℃条件下会失去活力但可耐受短期高温而不降低活性。菌丝有较强的耐低温能力,在-70℃经8昼夜不丧失生命力。菌索亦称菌根,是由菌丝组成的根状物,多生长于土壤中、树根或倒木的外皮及木质部与韧皮部接触的部位。直径约为2毫米,有时稍细,粗者直径可达6毫米。幼嫩菌索表面红棕色,具白色生长点,有光泽;衰老后变为黑褐色至黑色,无光泽,髓部白色。老化的菌索成为空壳。菌索在土壤中可延伸数米或更远,纵横交错,分出数条分枝。菌索生长温度为11℃~25℃,最适温度为17.6℃~24.2℃。在15℃~17℃时菌索尚能良好生长,24℃~25℃时菌索呈原基状,低于10℃或高于25.5℃菌索则不能发育,其耐热性比菌丝要差。子实体生长发育的最适温度为15℃~18℃。

(四)光　照

菌丝和菌索的生长不需要光线,子实体发育则需要散射光诱导。无光时子实体畸形或不育,但在光照和黑暗条件下担孢子均能顺利萌发。

(五)空　气

该菌为好氧性菌类,菌丝、菌索、子实体生长发育都需要新鲜空气。在沙土、砂壤土中比黏土中生长快、长势旺盛,在重黏土中不形成菌索和子实体。榛蘑没有氧气就不能生存,但菌索有输送氧气的能力。空气中正常浓度的二氧化碳(0.03%)有利于菌丝和菌索的生长,空气中高浓度(80%)的氧气能使菌丝和菌索停止生长,低浓度(19%)的氧气能抑制其生长。

(六)酸碱度

该菌喜偏酸环境,在 pH 值 2.5～8 时菌丝均可生长,以 pH 值 4.5～5.5 为最宜,pH 值超过 7 时生长严重受阻。菌索在 pH 值 4～5 生长最好,pH 值超过 8 时停止生长。

二、栽培时间

4 月末,自然气温变化在 16℃～23℃、平均气温 19.9℃、10 厘米处地温在 15.7℃～22.2℃、平均地温 19.2℃、空气相对湿度 75%左右时,即可入林培养。

三、栽培方法与管理

(一)栽培种制作

1. 培养料制作

配方一:(木屑麦麸培养基):杂木屑或玉米芯粉 68%,玉米粉 20%,麦麸 10%,蔗糖 2%。

配方二:(木屑玉米芯培养基):杂木屑 46%,玉米芯粉 40%,肥沃泥沙 10%,蔗糖 2%,石膏粉 2%。

配方三:(枝条培养基):阔叶树枝条 50%,杂木屑 30%,玉米粉 8%,麦麸 10%,蔗糖 2%。

2. 接种培养 调整培养料含水量 60%～65%,按装袋、灭菌、接种、发菌培养等常规制作,在 20℃～25℃条件下培养 25～35 天即可作为栽培菌种使用。

(二)菌材培养

菌材是指长有榛蘑菌索的木段,是栽培榛蘑的材料。选择树皮厚、质地坚硬的椴树、白山果、角榛、川榛、刺榛、麻栎、臭椿等树种,虽然发菌慢,但耐腐蚀,可提高产量。

1. 培养时间 7月温度适宜,发菌较快,适宜培养菌材。8 月中旬进行第一次扩大培养。

2. 填充料准备 培养菌材之前，要准备好菌床填充材料。常用的有以下几种：①天然腐殖土：即林中腐殖土，土质疏松，团粒结构好，含丰富有机质和矿物质元素，透气和保水性能好。②半熟落叶＋沙：晚秋收集阔叶树落叶，加适量水，堆放坑中封盖腐熟。翌年春取出，掺入沙粒（小米粒大小），树叶和沙粒的比例为 5∶1。③木屑＋沙：选用粒度较粗的阔叶树木屑，与用清水洗净的沙粒（高粱粒大小）混合，木屑与沙粒的比例为 2∶1 或 3∶1。④稻壳＋沙：用新鲜稻壳与干净沙粒混合使用，稻壳与沙粒之比为 3∶1。这些材料具有质地疏松，透气性好，易于渗水，保温、保湿性能好，有机质丰富，酸碱度适宜的特点。

3. 菌材培育方法 可采用坑栽法、半地下法或地上堆培法。

（1）坑栽法 适用于地势低、气温较高、较干燥地区。在选好的场地，清除草皮、石块、树根等杂物，挖深 25～30 厘米、宽 45～60 厘米的坑。为便于管理，长度以 1～2 米为宜。整好坑底，使其有10°～15°坡度，然后放入菌材。

（2）半地下法 适用于气温较低、地下水位高、湿度较大的半山区。土坑一般深 15～20 厘米，宽、长度与上法相同，坑底要有顺山坡度。堆放的菌材应高出地面约 35 厘米。地上部分堆放菌材时，上下两层要纵横交错，以免散堆。

（3）地上堆培法 适用于气温低，地下水位高，湿度大或雨水多的地区采用。在选好的场地，除去草皮，挖松土壤。亦可向下挖 5～10 厘米，堆放菌材应高出地面 45～60 厘米。为防止散堆，采用“井”字形堆放。

4. 菌材培育 选直径 4～10 厘米适用树木（落叶后或发芽前采伐），截成 50～60 厘米小段，用打孔器在木段表面打 1～2 行接种孔，孔深达木质部，孔距 6～9 厘米，在孔内接种栽培菌种。或用砍刀在木段表面斜砍鱼鳞口，间距 9～12 厘米，刀口深度以达木质部 0.5 厘米为宜，口内塞入栽培菌种。

放入菌种的木段入坑前，先在坑底铺一层填充料，然后排放一层木段(接有菌种)，并在木段表面撒一薄层菌种，再铺一层填充料，重复上面操作，共堆5～6层。表面铺约6厘米厚填充料，浇透水，使土壤含水量达40%，最后用土封顶。在温度为20℃～25℃、空气相对湿度为65%～75%条件下培养1个月左右，木段被菌丝侵染，出现榛蘑的菌索，即为菌材。

(三)出菇管理

榛蘑林下栽培应选用空气流通好、环境湿润、郁闭度0.8林地作为出菇场。在林内开浅沟，沟宽1米、深40厘米。沟上建小拱棚，盖塑料布。4～5月份将已经培养好的菌材移至出菇场，菌材可以斜放在坑壁上，也可排放在浅土坑内，每放一层菌材，铺一层3厘米厚透气性好的土壤或木屑。共堆3层，上面盖6～10厘米厚落叶，最后盖上一层腐殖质土，并堆成扁圆形覆土层。浇足水，经常保持湿润。若遇大雨，放下拱棚上的塑料布，防止畦内太湿和积水。经过7个月发菌，菌丝长入覆土和填充料中。10月上旬，气温降至18℃开始，保持环境湿度在90%以上，陆续长出子实体。

四、菇体采收与采后管理

子实体在平展之前及时采收，采收时宜从菌柄基部整丛采下，减少菌柄折断和菌盖破损。并在覆土较少的地方要补土并保湿培养。榛蘑子实体可以鲜销，也可以晒干或加工制药。每年可采菇1～2批，出菇期为3～4年。

第十七节　银　耳

银耳(*Tremella fuciformis* Berk.)又名白木耳、白耳子、川耳、雪耳。隶属于担子菌亚门，异隔担子菌纲，有隔担子菌亚纲，银木耳目，银耳科，银耳属。子实体单生或群生，由宽而薄的卷曲瓣片组成，瓣片不分叉或顶部分叉、呈菊花状或鸡冠状。宽5～10厘米，大者可达15厘米以上。乳白色或略带黄色、半透明、胶质，基部黄褐色，干后强烈收缩，脆角质，暗白色或略带黄色，遇水后可复原。子实层生于瓣片表面。晚春至秋末冬初，生于栎、杨、乌桕、赤杨、枫香、合欢、杜仲及桑等数十种阔叶树的枯腐木上。银耳的主要产地集中分布在亚洲东部、美洲东部和南美的巴西等地。我国是银耳分布最广的国家，产量和品质均居世界第一位，主产区集中于秦岭以南、云贵高原广大地区，近年来北方高纬度地区也有产出。

银耳是著名的食、药用菌类，其营养成分非常高，每100克干品中含水分14.6克、蛋白质10克、脂肪1.4克、粗纤维30.4克、无氮浸出物36.9克、灰分6.7克、维生素B_1 0.05毫克、维生素$B_2$0.25毫克、铁4.1毫克、钙36毫克。银耳以其丰富的营养已成为一种大众化的滋补保健食品。其入馔历史已无可稽考，但自清·乾隆以来，多用于高级筵席，被视为庖厨之珍。随着栽培的普及，银耳已作为一种常见菌菜进入了千家万户，食用时既可做汤、又可炒菜。银耳性味甘、淡、平，具有滋阴润肺、强精补肾、润肠益胃、补气和血、强心壮身、清热止咳、健脑提神、美容嫩肤、延年益寿的功效。目前，临床上用于治疗肺燥干咳、肺热咳嗽、久咳喉痒、痰中带血、肺源性心脏病、慢性支气管炎、胃炎、心悸失眠、产后虚弱、大便秘结、大便下血等症。此外，它还能提高肝脏的解毒能力，并具有抗癌的作用。它含有的酸性异多糖等功能因子能提高人体免疫力，被广泛用于健康食品生产。

一、生长发育条件

（一）营　养

银耳需要的营养成分有木质素、纤维素、蛋白质、淀粉、单糖、双糖、矿物质等。对于葡萄糖和蔗糖银耳菌丝能直接利用，而对于木质素和纤维素等物质的直接利用能力很弱，有赖于其伴生菌——香灰菌的菌丝分解后才能被利用。

（二）水　分

银耳菌丝抗旱能力强，在发菌阶段培养料含水量一般不得超过60%，当达到65%时容易产生烂耳。子实体发育期，培养基含水量需在50%左右为宜。发菌阶段，空气相对湿度控制在55%～65%。在子实体发育阶段，逐渐提高空气相对湿度至80%～95%。

（三）温　度

银耳为中温型、耐寒能力强的菌类。孢子在15℃～32℃可萌发，以22℃～25℃最为适宜。菌丝生长温度为6℃～32℃，以23℃～25℃为适宜。30℃～35℃易产生酵母状分生孢子。35℃以上菌丝停止生长，超过40℃菌丝细胞死亡。菌丝能耐低温，3℃～5℃仍可微弱生长，2℃以下停止生长，0℃不会死亡。子实体分化发育温度为16℃～30℃，最适温度18℃～23℃。长期低于18℃或高于28℃，其子实体朵型小、耳瓣薄。温度过高易产生“流耳”。

（四）光　照

银耳喜光，散射光有利于促进孢子萌发和子实体分化发育，生长的子实体色白质优。在光照强度为50～800勒（克斯）范围内，银耳都能正常发育，以300～800勒（克斯）最为适宜。直射光不利于子实体的分化和发育。黑暗环境中子实体分化缓慢、颜色变黄。

（五）空　气

银耳属好氧性真菌，整个发育过程需要充足的氧气，应加强通风，保持空气清新。在生长发育期间，空气中二氧化碳浓度达到0.1%以上，将对子实体产生毒害作用（正常空气中二氧化碳浓度为0.03%）。

（六）酸碱度

银耳适合在偏酸性培养基上生长。菌丝在pH值5～7.2内均能正常生长,最适 pH 值为 5～6。

二、栽培时间

通常 1 年可栽培 2 季。春季栽培在 3～5 月间,2 月下旬生产栽培袋,至 4 月底前结束;秋季栽培在 9～11 月,8 月下旬生产栽培袋,至 10 月下旬结束。我国各地气候不同,要根据银耳生长需要的适宜温度范围,因地制宜,灵活安排栽培时间。

三、栽培方法与管理

(一)栽培种配方

配方一:木屑 78%,麦麸(米糠)20%,糖 1%,碳酸钙 1%。

配方二:棉籽壳 80%,麦麸(米糠)17%,糖 1%,过磷酸钙 0.5%,石膏粉 1.5%。

配方三:甘蔗渣 87%,麦麸(米糠)10%,糖 1%,尿素 0.5%,过磷酸钙 0.5%,石膏粉 1%。

配方四:木屑 75%,麦麸(米糠)20%,石膏粉 1.5%,过磷酸钙 1.2%,白糖 1%,黄豆粉 1.3%。

注意含水量控制在 50%左右,木屑中不可混入松、杉木屑。

(二)场地选择与整理

选择在郁闭度 0.7～0.8 的速生杨等阔叶林地做耳床,将地整平,耳床宽 1～1.2 米,稍高于地面,四周挖排水沟。耳床上建卧式小拱棚(同香菇)。

(三)发菌管理

接种后的栽培袋及时移入发菌室,以“井”字形堆叠。前 3 天为菌丝萌发定植期,室温需控制在 25℃～30℃。3 天后菌丝向穴口周围延伸,进行翻堆并增加耳袋间距。以后每隔 3 天翻堆 1 次,袋间距由 1 厘米加大至 2 厘米,以利于通风散热。在此期间,室温调节至 25℃～26℃,以加快银耳菌丝生长。空气相对湿度控制在

60%～70%。每天通风1～2次，每次30分钟。经10天左右的培养，在菌落直径10厘米左右、相邻两个菌落相互连接、菌丝蔓延并深入培养料3～4厘米时，为满足对氧气的需要，将接种穴口上的封口胶布掀开3毫米左右的小孔，让新鲜空气进入袋内，促进菌丝良好生长。

（四）出耳管理

耳袋培养10天后转入出耳场地（排放时接种口向下），并将穴口胶布掀开5毫米。空气相对湿度保持在85%～90%，加强通风，适宜温度为20℃～25℃。12小时后给耳袋喷雾化水，每天3～4次，喷水后通风30分钟。4天后穴中逐渐出现白毛团原基，并伴有茶褐色小水珠、俗称"吐黄水"，若黄水过多应用干净纱布或脱脂棉吸干。

当穴内形成胶质化原基，应将胶布揭去，有利于耳芽发育。当子实体长满接种口时，需划膜扩口。以接种穴为圆心，用锋利小刀在外环割一圈，使半径增加0.5厘米，并将薄膜挑去。扩口时避免伤害菌丝且扩穴尽量圆。此阶段温度控制在20℃～25℃，空气相对湿度保持在90%～95%。当子实体长至3～4厘米时，每天喷水3次，掀膜通风3次，每次通风10～20分钟。喷水应掌握的原则是：耳黄多喷、耳白少喷，晴天多喷、阴天少喷，一次不能喷水过多，更不能直接喷到耳基上。若棚内温度高于28℃应加强通风，并喷水降温。子实体占满整个袋面后增加通风次数并延长通风时间，将拱棚内空气相对湿度降低至80%。

四、菇体采收与采后管理

（一）菇体采收

从出耳至采收需12～18天。当耳片直径达8～12厘米、充分展开、中部无硬心、触之具弹性并有黏腻感、呈白色半透明时即可采收。采耳时，用锋利小刀紧贴袋面将子实体完整割下（切忌损伤朵形)，留下橘黄色耳根，清除耳基部杂质，并将耳根修成半圆形以利于再生。

(二)收后管理

第一茬耳采收后若耳基呈黄色，且有大量浅黄色水珠，则可以出第二茬银耳。首先淘汰不能再生的菌袋，并停止喷水 3 天，温度保持在 20℃～25℃，空气相对湿度控制在 85%。以后经过 15～20 天正常管理，即可长出第二茬银耳。再生耳基部较大，耳片小，品质较差。

第十八节 灵 芝

灵芝〔*Ganoderma lucidum* (Leyss. ex Fr.) Karst.〕在分类上属于真菌门，担子菌亚门，层菌纲，非褶菌目，灵芝科，灵芝属。俗名红芝、赤芝、丹芝、仙草、瑞草。是灵芝属中的代表种。据张小青(2001)报道，我国共有灵芝科真菌 4 个属、98 个种，分布在 29 个省、直辖市。其中应用最多的是赤芝(*G. lucidum*)、紫芝(*G. sinense*)、薄树芝(*G. capense*)、树舌(*G. applanatum*)、松杉灵芝(*G. tsugae*)5 个种，均能通过人工栽培形成子实体。作为保健品和药源，特别是赤芝(红芝)和紫芝自古至今一直沿用。赤芝呈暗红色，革质，韧性强；生长周期短，栽培易于成功，产量较高，质量也有保证。同时，对其有效成分、药理分析、临床应用较深入，因此在规模生产中一般均采用这个种。

灵芝是灵芝属药用珍菌，具有滋补强身、扶正固本的功效。灵芝多糖是灵芝的主要有效成分之一，具有抗肿瘤、免疫调节、降血糖、抗氧化、降血脂与抗衰老作用。三萜类也是灵芝的有效成分之一，对人肝癌细胞具有细胞毒作用，还能抑制组胺的释放，具有保肝作用和抗过敏作用等。服用灵芝除了治病外还能增强食欲，改善睡眠，延缓人体衰老、强壮身体等功效。

一、生长发育条件

灵芝属于高温结实性菌类。自然界中一般生长在人迹罕至的深山密林中，人工栽培需要满足其正常生长发育的自然条件才能正常地完成其生活史。

（一）营　养

灵芝等真菌与植物不同，缺乏叶绿素，不能进行光合作用制造有机物，只能分解和同化现成的有机物满足其生长发育所需的营养。在自然界中，多数灵芝种类生活在阔叶树的树桩、朽木或倒木上，属木腐菌。灵芝生长所需的营养主要为碳源、氮源、矿质元素和维生素等。在灵芝的栽培中一般利用木屑、棉籽壳、稻麦草、蔗渣、甘薯渣、玉米芯等农林下脚料为原料，经降解后作为碳源；利用玉米粉、米糠、麦麸、豆饼、花生饼、菜籽饼以及尿素等作为有机氮源。灵芝的碳氮比为22∶1，即培养料中碳素重量占22份、氮素1份。碳氮比不当将造成灵芝生长发育不良。

（二）水　分

培养料湿度以55％～60％为宜，菌丝生长期要求空气相对湿度在60％～70％，子实体分化期湿度应控制在85％左右，子实体生长阶段空气相对湿度90％～95％最好。

（三）温　度

灵芝属于高温型真菌。菌丝能在地下朽木或培养基质中越冬，翌年气温回升后继续生长，酷热的夏季也能正常越夏。菌丝对温度的适应范围较宽。但子实体的发生局限在夏、秋，子实体对温度的适应范围较窄。灵芝菌丝在8℃～35℃条件下均能正常生长，最适宜温度25℃～30℃。斜面培养基上的菌丝，置于0℃～4℃条件下，经60天处理转管后仍100％成活。而在－13℃～－2℃下，10天后全部死亡。一般灵芝能耐受的最低温度在0℃。子实体发育的最适温度也是26℃～28℃，低于20℃子实体原基停止生长，高于33℃子实体不能正常长菌盖。高于40℃菌丝容易烧死，低于6℃菌丝停止生长。

（四）光 照

菌丝生长阶段不需要光，原基分化和子实体生长阶段需要一定量的散射光。光照不足子实体生长缓慢、子实体瘦小，发育不正常。但也经受不住直射阳光。灵芝子实体还有明显的向光性，在室内栽培时子实体的菌盖都一致朝向光源方向。

（五）空 气

灵芝子实体生长发育对二氧化碳浓度敏感，若空气中的二氧化碳浓度超过0.1%，灵芝子实体就不能发育菌伞或发育成鹿茸状灵芝。

（六）酸 碱 度

灵芝生长需要中性偏酸的环境。其菌丝发育最适pH值为4～6，如果pH值低于4接种不易成活。但菌丝在碱性环境也难以生长。

（七）向 地 性

灵芝生长菌盖的下面即菌管永远是向下的。在栽培中，正常情况下菌柄和菌盖形成直角；若将菌瓶倒放，菌柄和菌盖就长在一条直线上。根据灵芝生长的向光性和向地性，在栽培时生长进入菌盖分化阶段后就不能随便移动，以免因方向改变而形成畸形子实体，甚至停止生长。

二、栽培种制作

（一）栽培时间

灵芝子实体柄原基分化的最低温度为18℃。春栽，当地气温稳定26℃时，往前倒计时50天左右接种栽培袋（瓶）；秋栽，当地气温稳定在28℃时，往前倒计时40天左右接种栽培袋（瓶）。菌种制作时间为：接种栽培袋前40天扩制栽培种，往前倒计时30天制原种，母种在扩制原种前 10～15 天转管培养。栽培袋接种后要培养 50 天左右才能达到生理成熟，随后入畦覆土，再经历 30～45 天，芝体才会露土。

(二)菌种选择

灵芝种类繁多，目前作为保健品、药品应用的主要是赤芝（红芝）。通过多年栽培实践，适合袋料栽培的理想赤芝品种有园芝 6 号、泰山灵芝、韩国灵芝、日本灵芝等，它们菌盖大、肉厚、色泽正，生长迅速，符合出口标准。

(三)栽培种配方

配方一：玉米芯 78%，麦麸 20%，蔗糖 1%，石膏粉 1%。

配方二：棉籽壳 45%，锯木屑 45%，麦麸 8%，蔗糖 1%，石膏粉 1%。

配方三：甘蔗渣 50%，杂木屑 48%，黄豆粉 1%，石膏粉 1%。

配方四：甘蔗渣 78%，麦麸 15%，玉米粉 5%，糖 1%，石膏粉 1%。

配方五：木屑 40%，棉籽壳 40%，麦麸 15%，黄豆粉 3%，糖 1%，石膏粉 1%。

配方六：棉籽壳 83%，玉米粉 15%，糖 1%，石膏粉 1%。

配方七：玉米芯 76%，麦麸 20%，黄豆粉 2%，糖 1%，石膏粉 1%。

配方八：豆秸(粉碎)82%，麦麸 16%，糖 1%，石膏粉 1%。

配方九：杂木屑 70%，稻草粉 10%，麦麸 14%，玉米粉 4%，糖 1%，石膏粉 1%。

以上配方因地制宜任选一种。木屑陈旧为好，其他原料需新鲜、无霉变。麦麸可用米糠代替，石膏可用碳酸钙代替，蔗渣可用玉米秆代替。料水比为 1∶1.4～1.6，pH 值 4～6。

(四)发菌管理

接种后将栽培袋放置在专门的培养室内，让菌丝体迅速长满整个栽培袋。培养温度控制在25℃～28℃。冬季气温低，栽培袋摆放可密一点；夏季气温高，摆放要稀疏些。空气相对湿度保持在60％～65％。空气湿度大可通风或放置些生石灰来降低湿度，湿度低时可在室内地面适量喷水。菌丝体要求黑暗条件，应采取避光的措施。菌丝发满整个栽培袋后即为成品栽培种。

三、栽培方法与管理

(一)地栽灵芝

1. 栽培场地 选择杨树人工林等阔叶林或混交林，坡度较平缓、向阳，主林冠高10～15米，郁闭度0.7左右，通风、排水良好，具有水源处，除去杂草、乱石，在菌床上搭建塑料拱棚。

2. 开畦、排袋与覆土 依地形整地，在林下挖栽培畦沟，沟底要平，并用石灰粉消毒。畦沟宽1.5米，深0.2米，长度可根据树林的实际情况而定。在畦的四周开排水沟。畦沟挖好后通风干燥2天，浇1遍水，再喷洒500倍液辛硫磷1遍就可以放置栽培袋了。去掉栽培袋的外层塑料薄膜，然后将裸露的栽培袋垂直放置在用竹竿按一定规格制作的方格状工具内(为了整齐便于管理，也可直接摆放)，每格放1袋，按每沟8行摆放好栽培袋后用土将栽培袋间的空隙填实，保证其垂直不倒，最后用土将栽培袋覆盖。过一段时间，用水浇透栽培沟，然后用细沙土覆盖表层，并用木板将沙土刮平，保证栽培袋上沙土厚度均匀一致。之后在表层喷一定量的水，保持沙土表层湿润。表面覆盖草帘保证菌丝体在避光条件下生长。最后在畦上用竹片搭拱棚并覆盖塑料薄膜。经常检查出芝情况，不久沙土上就会冒出灵芝的子实体，进入出芝管理阶段。

3. 出芝管理 林下温度、湿度相对稳定，风力也较林外小，栽培管理较为方便。晴天早、晚各喷水1次，保持表土潮湿为度。若久晴干旱应增加喷水次数。喷水时揭开棚膜，待水被吸收后再盖好棚膜,并在两端留出通气口,以免高温、高湿引起子实体霉烂。

温度要求在 26℃～28℃。温度高可以喷水降温,并根据树林郁闭情况搭设遮阳网,保证一定强度的散射光;空气相对湿度保持在85%～95%,根据条件喷水调节。

4. 菇体采收与收后管理 灵芝栽培过程中,在灵芝袋埋入地下大约 30 天的时间后灵芝的子实体就进入了黄边期,菌盖周围的白色生长圈逐渐变为黄褐色,直到白色生长圈完全消失。此时菌盖停止扩大,但仍可继续加厚。

选择晴天采收,采收时要保留菇脚约 1 厘米,用刀割下。注意轻拿轻放,不抹去菌盖上的孢子粉,也不可沾污菌盖底部原有的色泽。

采收后喷重水 1 次,浇湿土壤和补充菌筒的水分,减少通风,让伤口愈合,利于再出芝。一般可采收 2 潮灵芝。

(二)床架栽培灵芝

1. 排袋放菌 林下搭建简易的芝棚,参见第一章相关内容。菌袋的摆放采用垛状。垛底用土堆成高 15 厘米、宽 50 厘米的平台(棚内横向排放),用薄膜覆盖。菌袋摆放在薄膜上,单排摆放,依次堆放,高度以不影响人操作为宜。每两层之间可放置 2～3 根小木条以便通风,垛与垛之间隔 1 米左右的操作空间。

2. 出芝管理 菌丝体发到 1 个月左右时,要及时剪口,防止菌蕾霉烂在袋内。温、湿度的控制与地栽灵芝相同。温度过高,可向地面喷水降温;湿度控制要靠喷水来满足灵芝生长的需要。注意喷水时,要向地面喷。在幼芝期,可向子实体喷少量的水。到即将成熟期,不宜在子实体上喷水,否则子实体上的孢子粉吸水后形成斑点,影响商品质量。此外,子实体含水量增加,还会影响采收后干燥。

灵芝子实体生长期间,需要充足的氧气和一定强度的光照。如果二氧化碳浓度过高,影响菌盖的分化,可形成鹿角状的畸形灵芝。

3. 菇体采收与采后管理 采收标准参见地栽灵芝。要及时采收,减少被病菌感染的机会。采收时用剪刀剪下,留下菌柄;或直接用手指握着菌柄取下,不要握着菌盖,以免菌盖下附着孢子粉,影响外观质量。

采收后停水 2～3 天,让伤口愈合后再喷水提高湿度,进行下一潮芝的管理。

四、灵芝孢子粉收集

以采收孢子粉为目的的栽培最好采用瓶栽的方式。当菌盖下部出现咖啡色粉末状孢子时,将菌瓶集中放入培养架后用纸封闭,1 个月后揭开培养架外面的封纸,用粉刷清扫下菌盖上的孢子粉,收集在一起。每株灵芝可收集孢子粉 2～5 克。若收集少量的孢子粉也可尝试地栽条件下收集。当菌盖下部出现咖啡色粉末状孢子时,可在地面铺设塑料薄膜、上面套上纸袋,或应用塑料膜袋,并用 12 号针头每平方厘米扎眼 20 个以上,增加透气性。据傅辉等(1998)报道,此法可代替价格高但效果最理想的尼龙丝漏布袋,且成本仅相当于后者的 15%;袋的规格设计了大袋 150 厘米×250 厘米、小袋 39 厘米×27 厘米,种植者可根据实际情况选择袋的大小。此阶段停止喷水,注意天有雨时放下拱棚的塑料膜防雨。1 个月后、解开纸袋,收集孢子粉。收集孢子粉后便可采收灵芝。垛栽灵芝孢子粉的收集也可尝试制作合适大小的收集袋,收集少量的孢子粉。

五、灵芝采收后干制

将灵芝子实体一个个摊开摆放在水泥地或竹帘上,菌盖向上,利用太阳晒干,阴雨天可以用烘房烘干,烘焙时先保持温度30℃～40℃低温,并通风使水分尽快散发,然后逐渐提高温度,最后升温至 60℃，烘至恒重。如有条件可采用先晒后烘的方法干制，即采收后先利用太阳暴晒 1 天，然后放入烘房内 60℃保持 1～2 小时。干制要求在采收后 2～3 天内完成，忌雨淋和水洗，以免菌盖下面的菌孔变黑。

第十九节　杨树菇

杨树菇〔*Agrocybe aegerita* (Brig. ex Fr.) Sing.〕又名柱状田头菇。在分类学上，隶属于担子菌亚门层菌纲，伞菌目，粪锈菌科，田头菇属(田蘑属)。子实体单生、双生或丛生，表面平滑或皱纹，初暗红褐色、后变为褐色。菌肉除表皮和菌柄基部之外，白色。菌褶白色，密集，不等长。菌柄中实，纤维质，脆嫩，表面有纤维状条纹，近白色，基部常污褐色。孢子淡黄褐色，光滑，椭圆形或宽椭圆形至卵圆形。

杨树菇菇体具有清香脆嫩、菌肉肥厚、柄嫩质脆、味浓香甜，口感极佳等特点。尤其是姑柄风味独特、品质上乘，是众多菌类品种所不及的一个品种。在野生资源产地，村民有用杨树菇干子实体治疗胃寒、肾炎、水肿的习惯，疗效甚佳；入药可利尿、渗湿、健脾、止泻，亦具有抗衰老、降低胆固醇、防癌和抗癌的特殊功效。杨树菇适宜我国大部分地区栽培，我国南方地区发展得较好。北方近几年也有较大的发展。

一、生长发育条件

(一)营　养

杨树菇是木腐菌，环境条件要求与其他木腐菌有相似之处，但也有不同的地方。在自然条件下，生于活立木的死亡部分、伐桩及暗根上。分解木材能力中等，比平菇、香菇等分解能力弱，但可引起活树心材白色至淡黄色腐朽，使树干形成空洞。

生理学研究表明，杨树菇没有虫漆酶活性，利用木质素的能力较弱。而其蛋白酶的活性比平菇强10倍，因而在人工栽培时必须满足其营养生理需求。杨树菇在较大的碳氮比范围(25～70：1)均能生长，最适碳氮比为60：1。在培养料中添加适量的钾、镁等无机元素，可促进菌丝生长、获得高产。

段木栽培时的适宜树种为白杨、黑杨、拟赤杨、栎树、山毛榉、小果榕、小叶榕、春榆和柳等阔叶树。袋栽和瓶栽时，除阔叶树木屑之外，还可利用棉籽壳、玉米秸、玉米芯、麦秸、甘蔗渣等工农业加工副产品为栽培原料，但必须添加适量新鲜米糠、麦麸、脱脂豆粉(豆饼粉)、花生饼粉、棉籽仁粉、茶籽饼粉等含氮作物为辅料，以补充其氮素营养。最好的添加物为油粕(10%)，其次是混合饲料(10%)和麦麸(30%)。

(二)水　分

杨树菇属于喜湿性菌类。菌丝生长阶段，培养料含水量在46%～80%均能正常生长，以64%～67%最为适合。子实体形成和生长时需要较高的环境湿度，空气相对湿度85%～90%，有利于子实体正常发育，湿度过高不利于子实体生长。

(三)温　度

杨树菇为中温性菇类。菌丝生长温度为5℃～35℃，适温为21℃～28℃，最适温度为25℃～27℃。在30℃时生长快，但长势弱；20℃以下生长变慢。菌丝对低温和高温有较强的适应能力，在－14℃条件下5天及－40℃条件下4天仍能保存活力。原基分化温度10℃～16℃，子实体形成温度为15℃～28℃，最适温度为23℃～25℃。为恒温出菇型，不需要温差刺激。但温差对子实体分化和生长有一定促进作用，在夏、秋季节温度突然下降时可使产量明显增高。当昼夜温差在10℃以上时，从现蕾至采收需4～5天。已分化的原基耐低温能力差，将未成熟子实体置于4℃～6℃条件下3天后死亡。目前，生产上所使用的经过筛选的菌株，其子实体发育适温为 13℃～18℃；中温偏高型的菌株，其适温为 16℃～28℃，以 24℃为适宜。

(四)光 照

菌丝生长阶段无须光线，强光能抑制杨树菇菌丝的生长，在黑暗条件下菌丝生长茂盛。据报道，原基的形成与子实体发育时需要散射光。龙达坤等曾经进行遮光培养，但是仍然产生子实体。杨树菇子实体有明显的趋光性，在栽培时可以像金针菇那样，采用套纸筒遮光的办法获得菌柄长、菌盖小的优质产品。

(五)空 气

杨树菇为好氧菌，生长阶段需要充足的氧气供应，氧气不足易出现畸形菇。菌丝生长阶段，二氧化碳浓度应控制在 0.15%～0.2%，原基分化时在 0.05%～0.08%，子实体发育时在 0.03%～0.05%，超过上述浓度时要及时通风换气。但在出菇期间，料面局部有稍高的二氧化碳，有利于菌柄伸长，这种现象和金针菇栽培时相同。

(六)酸碱度

杨树菇喜在偏酸环境中生长。pH 值在 4～6.5 菌丝均能正常生长，最适 pH 值为 6.2。在出菇阶段，培养料表面和内部 pH 值变化不大，在 5.77～5.87 之间，说明菌丝在代谢过程中产生的有机酸很少，因而在出菇过程当中一般不需调节酸碱度。

二、栽培时间

各地根据当地的气候条件，1 年可进行 2 季栽培。据试验，夏季温度降至 25℃，春季温度升至 20℃，木屑培养基表面就会形成大量子实体。据此，一般可进行春栽(3 月接种、5 月出菇)和秋栽(7 月接种、9 月出菇)。以秋季栽培效益更好。

春季在 4 月中旬可入林下，棚上挂 50%遮阳网并盖好棚膜，保持棚温，同时注意喷水保湿；秋季在 9 月份可入林下，不用遮荫，只保持温、湿度即可。

三、栽培方法与管理

(一)培养种配方

根据当地材料资源,以降低成本为准则,选择配方。原料要求新鲜、无霉变、无虫害。

配方一:木屑70%,麸皮或米糠27%,石膏粉1.5%,过磷酸钙0.5%,蔗糖1%。

配方二:木屑78%,麸皮或米糠20%,白糖1%,碳酸钙1%。

配方三:棉籽壳75%,麸皮20%,石膏粉1.5%,玉米粉2.5%,蔗糖1%。

配方四:甘蔗渣70%,麸皮25%,玉米粉3%,石膏粉1.5%,过磷酸钙0.5%。

配方五:甘蔗渣36%,棉籽壳38%,麸皮20%,黄豆粉2%,石灰粉0.5%,蔗糖0.5%,碳酸钙2.5%,复合肥0.5%。

配方六:木屑80%,麸皮15%,石灰粉1%,红糖1%,石膏粉3%。

配方七:棉籽壳80%,米糠15%,黄豆粉2%,石灰粉0.5%,蔗糖1%,石膏粉1%,复合肥0.5%。

(二)栽培种的生产

拌料要均匀一致。配料特别是棉籽壳应浸湿,不得有干粒,否则灭菌不彻底。选用规格为17厘米×35厘米塑料袋,每袋料干重350克左右,装料松紧适度,高度约14厘米。中间用一直径2厘米、长15厘米左右一头稍尖的木棒插一孔洞,促使菌丝延伸。及时套上颈圈并塞好棉塞防止失水,常压或高压灭菌(应彻底灭菌)。

当料温降至30℃时可接种。接种箱应消毒完全,用甲醛和高锰酸钾进行熏蒸消毒。接种量为每瓶30～40袋,按孔洞占1/3、料面占2/3比例接种。接种后置空气相对湿度70%以下、温度25℃～27℃的室内培养。此时光线不宜太强并注意通风,培养一段时间后料面常会有大量黄水，待菌丝长过半后料面会变干而留下褐色斑块，这些均为正常现象。需 30～40 天菌丝长满袋。

(三)出菇管理

菌丝长满袋时，入林栽培管理。将棉塞和套圈去掉，并拉直袋口进行排袋催蕾出菇。密度是 80 袋/米^2，保持温度 22℃～27℃。为了使杨树菇子实体发生整齐，在菌丝长满之后、出菇之前，把袋口料表面的老菌种、菌丝层轻轻扒去 0.2～0.5 厘米。搔菌要适时，太早容易感染杂菌，太迟则无刺激出菇作用。通过搔菌后盖上报纸喷水保湿促使子实体发生。

菌丝由营养生长转入生殖生长时，料面颜色发生变化，初时有黄水、继而现褐色，出现小菇蕾。这期间，加大空气相对湿度并保持在 85%～90%。早、晚应在地面及墙壁上喷水增湿。尽量避免直接喷水于料面上。要有散射光刺激催蕾，每天 8 小时刺激。每天适度通风，每次通风 30 分钟。用泥炭土覆盖料面，有利于刺激出菇；干湿交替结合光刺激也有利于原基形成。菇蕾长出 3～4 厘米时，提高袋口，盖上报纸喷水保湿；当子实体长至 5～16 厘米时，喷水使空气相对湿度达 90%～95%。到采收前 1～2 天停水，使菇体干燥，不易开伞。

四、菇体采收与采后管理

当菌盖开始平展、菌膜未破时为采收适期。单朵采收或整丛(不论大小)全部采收。因菌柄较脆容易折断，采收时应抓基部，轻旋拔出，宜轻拿轻放，同时应防止伤及幼菇。采菇后菌袋料面需清理干净，袋口捏拢，闷 2～3 天，然后再重复以上操作管理。采收 2 潮菇后，料已较干，每袋补水 40 毫升左右。

优质杨树菇要求菌盖色艳(暗红褐色)、肥厚、大小一致，不开伞(菌膜未破)。菌柄粗壮，近白色，长短整齐。菌盖开展、菌褶变为褐色的，菌柄细长、扭曲的均为次级品。

杨树菇采收后应及时销售或加工。鲜销很受欢迎，但干品风味更佳。

第二十节 大球盖菇

大球盖菇(*Stropharia rugosoannulata* Farlow.)又名裴氏球盖菇、裴氏假黑伞、皱球盖菇、皱环球盖菇、酒红球盖菇。隶属于担子菌门，层菌纲，伞菌目，球盖菇科，球盖菇属。子实体单生、群生或丛生，第一潮菇以群生或丛生为多，第二潮菇后随基料营养和水分含量的降低等多呈单生。菌盖直径5.5～15厘米。幼期近半球形，后逐渐平展，葡萄酒红褐色至暗红褐色或暗褐色，平滑或有纤维状鳞片，湿润时稍黏；菌肉肥厚，白色；菌褶直生，近白色后变深褐色或紫黑色；菌柄粗壮，近圆柱形，基部稍膨大，长5～12厘米、直径1～4厘米，中实，后期中空，表面光滑，白色至淡黄褐色；菌环生于中上部、膜质、较厚、双层，具深沟纹，深裂呈星形，易脱落，老熟后消失。

大球盖菇色泽艳丽，营养丰富，肉质细嫩，盖滑柄脆，清香可口，是国际菇类交易市场上的十大品种之一，也是联合国粮农组织(FAO)向发展中国家推荐栽培的食用菌品种。大球盖菇干品中含灰分11.4%，无氮浸出物32.73%，蛋白质25.81%，脂类2.6%。无机元素中磷含量最多。100克干品中含磷1204.65毫克，之后依次为钙(98.34毫克)、铁(32.51毫克)、锰(10.45毫克)、铜(8.63毫克)、砷(5.42毫克)、钴(0.38毫克)。还含有多种维生素，100克干品中含烟酸51.38毫克、核黄素3.88毫克、硫胺素0.51毫克、维生素$B_6$0.42毫克，维生素B_{12}0.41毫克。子实体中所含人体必需氨基酸占氨基酸总量的40%以上，含有的多糖能提高人体免疫功能、降低血液中胆固醇的含量，使其成为国际上公认的名贵保健食品。另外，其子实体提取物对S-180、艾氏腹水癌的抑制率均为70%以上。因此,大球盖菇又是药用价值较高的药用菌。

一、生长发育条件

(一)营　养

大球盖菇对营养的要求以碳水化合物和含氮物质为主。可利用的碳源有葡萄糖、蔗糖、纤维素、半纤维素及木质素等,其利用的氮源物质主要为蛋白质和氨基酸等。此外,还需要微量的无机盐类。

(二)水　分

菌丝在基质含水量为65%~80%的条件下均能正常生长,最适含水量为70%~75%。培养料含水量过高时,菌丝生长不良,已生长的菌丝亦会萎缩。环境湿度对原基分化有促进作用,原基形成期空气相对湿度要求达到95%~98%;子实体生长期以90%~95%为宜。

(三)温　度

大球盖菇为中温性菌类。菌丝生长温度为5℃~36℃,最适温度为25℃~30℃。在10℃以下或32℃以上菌丝生长速度迅速下降;超过36℃菌丝停止生长,持续时间长将造成菌丝死亡;超过32℃会对菌丝产生不良影响,即使恢复到正常温度下,菌丝生长速度明显减弱。子实体生长发育温度范围4℃~30℃,原基分化最适温度为10℃~22℃,子实体生长最适温度为16℃~25℃。在适宜温度内,随温度升高子实体生长加快,朵型较小、易开伞;在较低温度下,子实体发育缓慢,朵型较大,且菌柄肥厚、不易开伞。子实体生长过程中,出现低温和霜冻,只要采取防冻措施,菇蕾尚可存活;但气温超过30℃,原基即难发育。

(四)光　照

菌丝生长不需要光线。但子实体分化和生长发育阶段要求有一定的散射光,光照强度为100～500勒(克斯)。半荫蔽的栽培场不但产量高,而且色泽鲜艳、菇质好。

(五)空　气

大球盖菇属好氧菌。菌丝生长阶段对氧供应要求不太敏感,耐受二氧化碳浓度可达0.5%～1%。子实体分化期,二氧化碳浓度要低于0.15%。氧气不足时,菌丝生长和子实体的发育都将受到抑制。

(六)酸碱度

大球盖菇适宜于微酸性环境中生长,菌丝在pH值4～9范围内均可生长,最适pH值为5～7,此时菌丝生长不仅迅速而且健壮;pH值>8时,随着pH值升高,菌丝细弱且长速减慢。pH值为6时菌丝生长最快,最健壮。覆土pH值以5.7～6为宜。

(七)生物因子

覆土对子实体原基分化有促进作用,虽然不覆土也可出菇,但出菇时间明显延长,且出菇量少,有时甚至不出菇。覆土的作用不但可给菌丝以物理刺激,而且与微生物作用有关。

二、栽培时间

利用自然季节栽培大球盖菇。只要栽培场地的气温在5℃～30℃均可出菇,1年可栽培2季。黄河以南和长江中下游大部分地区可选择9～12月份和12月份至翌年5月份各一季,黄河以北和高海拔地区的栽培时间可适当提前,终止期适当延后。各地可因地制宜合理安排生产季节。

三、栽培方法与管理

(一)场地选择

选择日照充足、排水良好,郁闭度0.7～0.8的林地,场地土壤以偏酸性,肥沃、富含腐殖质的壤土为宜。开沟做畦,畦床宽1.3

米、高30厘米、长度适宜，畦面呈龟背形。畦床上建卧式小拱棚。

(二)培养料配方

配方一：干纯麦秸100%。

配方二：干纯稻草100%。

配方三：麦秸50%，高粱秆(带叶)50%。

配方四：大豆秸50%，玉米秸50%。

配方五：干稻草80%，木屑20%。

配方六：干稻草40%，稻壳40%，木屑20%。

配方七：干稻草50%，小木片30%，木屑20%。

配方八：麦秸80%，麸皮20%。

(三)铺料、播种与发菌

播种前，将稻麦草浸水2天，使其充分吸水软化。气温高时播种，培养料需堆制发酵2～3天，翻堆散热后上床播种。气温低时播种，只需将预湿的培养料堆制1天即可上床。经过堆制的培养料含水量需在70%～75%。

一般每平方米畦床用干料20千克左右，分3层铺料播种，厚约28厘米。每平方米用菌种2～4瓶，每100千克干料用菌种8～10瓶，播种时料温需低于30℃。先在畦床上铺料厚9厘米，播入1/4的菌种量；周边缩入3厘米，铺料厚9厘米，播入1/4的菌种量；周边再缩入3厘米，铺料厚9～10厘米，将其余菌种全部播于料面。播种完毕，用铁锹或木板稍压实，并加盖薄膜。发菌期间，拱棚内温度控制在23℃～27℃，棚膜外可用遮阳网遮荫降温。料温超过29℃时，应将床面薄膜及拱棚棚膜揭开通风。空气相对湿度保持在70%～75%，菌丝生长期间切忌喷水，雨天严防雨水渗入料内。

(四)覆　土

播种后20天左右，菌丝长满培养料，在床面进行覆土作业，覆土材料以富含腐殖质、pH值为5.5～6.5、颗粒状土壤为宜。覆土材料备好后需进行消毒处理，先摊开充分暴晒，然后加入0.5%～1%的石灰粉拌匀堆闷10天，再摊开喷洒1 000倍多菌灵液，重新堆闷7天即可。覆土厚3～4厘米。覆土3～4天后菌丝爬上土面，此时应喷水保持覆土含水量在30%左右。待畦面布满菌丝，停止喷水，使畦面保持偏干，菌丝由营养生长转为生殖生长。待菌丝倒伏后再进行喷水，提高空气相对湿度至90%～95%，促进原基分化。

(五)出菇管理

出菇阶段的管理重点是保湿和通风。一般覆土后10～15天覆土表面开始出现白色菇蕾。此时应每天喷雾化水2次，维持拱棚内空气相对湿度在90%～95%。不可一次喷水过量，多余的水流入料内会影响菌床出菇。每天通风3～4次，保持温度在16℃～20℃。大球盖菇较其他草生菇类产量高、水分消耗大，因此用水量稍大。但喷水应掌握少量多次的原则，保持覆土湿润即可。

四、菇体采收与采后管理

在适宜温度条件下，子实体从现蕾至成熟一般需6～10天。当菌盖直径达到6～8厘米、红褐色、菌膜刚破裂、菌盖呈钟形时即可采收。采收时抓住菇柄基部轻轻转动摘下，不可带动培养基，以免松动周围菇蕾。采过菇后及时清理菇床，覆膜保温以利于菌丝恢复生长。2～3天后开始喷水。按上述管理，10～12天可出第二潮菇。一般整个生长期可采收3～4潮菇，第二潮菇产量最高。

采收后的鲜菇去除残留的基质，放入筐中，尽快运往销售点鲜销。鲜菇在2℃～5℃条件下可贮藏2～3天，时间延长品质将下降。大球盖菇也可进行干制、盐渍加工。

第五章　林下食用菌自动化微喷控制技术

随着科学技术的进步,农业生产突破传统粗放、分散的管理模式,向智能、集约的工业化模式转变。利用工业技术成果发展农业,不仅是生产模式的转变,更是思维模式的转变。在林下食用菌生产中微喷控制技术就是基于农业生产工业化的思想进行研究开发的。

林下食用菌生产过程中菌类的生殖生长在一定的时期对温度和湿度反应是很敏感的,必须实时地观察和调控食用菌的温度和湿度,应用计算机技术来实现微喷设备自动控制,实时精确地在食用菌上喷水,调节温度和湿度,营造食用菌生长的最佳环境。同时,精确地喷水控制,避免了水、电资源的浪费,对实现低碳经济有积极意义。

第一节　自动化控制系统的硬件设备

一、通信总线

总线技术种类繁多,各具特色。本系统主要采用 RS-485 总线和单总线(1-Wire Bus)。

(一)RS-485 总线

RS-485 采用差分信号负逻辑,+2V～+6V 表示“0”,−6V～−2V 表示“1”。RS-485 有两线制和四线制两种接线。四线制只能实现点对点的通信方式,现很少采用。现在多采用的是两线制接线方式,这种接线方式为总线式拓扑结构,在同一总线上最多可以挂接32个结点。在RS-485通信网络中一般采用的是主从通信方式，即一个主机带多个从机。

RS-485电缆在一般场合采用普通的双绞线就可以，理论上RS-485的最长传输距离能达到1 200米。在要求比较高的环境下可以采用带屏蔽层的同轴电缆。

由于PC机默认的只带有RS-232接口，有3种方法可以得到PC上位机的RS-485电路。①通过RS-232/RS-485转换电路将PC机串口RS-232信号转换成RS-485信号，对于情况比较复杂的应用环境最好是选用防浪涌带隔离栅的产品。②通过PCI多串口卡，可以直接选用输出信号为RS-485类型的扩展卡。③近些年，PC机USB接口的广泛应用，多数PC机不再配有的RS-232接口，可通过USB/RS-232转接模块实现RS-485。

(二)单总线(1-Wire Bus)

单总线是近年来美国的达拉斯半导体公司推出的一项特有的单总线(1-Wire Bus)技术。该技术与其他总线不同，它采用单根信号线，既可传输时钟又能传输数据，而且数据传输是双向的，因而这种单总线技术具有线路简单、硬件开销少、成本低廉、便于总线扩展和维护等优点。单总线适用于单主机系统，能够控制1个或多个从机设备。主机可以是微控制器，从机可以是单总线器件，它们之间的数据交换只通过一条信号线。当只有一个从机设备时，系统可按单节点系统操作；当有多个从设备时，系统则按多节点系统操作。

二、硬件设备

(一)监控计算机

监控计算机可以是PC机、工业图形操作单元、单片机系统。根据具体的应用环境，在农业领域通常选用PC机系列。

(二)远程智能测控模块

远程智能测控模块是将采集到的信息送往上位机及控制信息发送到 1-Wire Bus 模块的枢纽。以 1-wire Bus 设备为基础,能把各种数字信号、开关量信号、模拟量信号有机整合,迅速组成一个功能完整的监控系统。该模块具有强大的联网功能和易于扩展的特点。

(三)DS-18B20 数字温度传感器

美国达拉斯半导体公司推出 DS-18 B 20 数字温度传感器。该产品采用本公司生产的 DS-18 B 20 可组网数字温度传感器芯片封装而成,具有耐磨耐碰、体积小、使用方便、封装形式多样,适用于各种狭小空间设备数字测温和控制领域。DS-18 B 20 技术性能特点如下:①独特的单线接口方式。DS-18 B 20 在与微处理器连接时仅需要一条接口线即可实现微处理器与 DS-18 B 20 的双向通信。②测温范围 −55℃～+125℃,固有测温分辨率 0.5℃。③支持多点组网功能。多个 DS-18 B 20 可以并联在唯一的三线上。④在使用中不需要任何外围元件。

(四)双绞线

双绞线一般由 2 根 22～26 号绝缘铜导线相互缠绕而成,实际使用时双绞线是由多对双绞线一起包在一个绝缘电缆套管内。典型双绞线有 4 对,也有更多对双绞线放在一个电缆套管内,称之为双绞线电缆。在双绞线电缆(也称双扭线电缆)内,不同线对具有不同的扭绞长度。一般地说,扭绞长度在 38.1 毫米至 14 厘米内,按逆时针方向扭绞。相邻线对的扭绞长度在 12.7 毫米以上。扭线越密其抗干扰能力越强。与其他传输介质相比,双绞线在传输距离、信道宽度和数据传输速度等方面均受到一定限制,但价格较为低廉。

双绞线分为屏蔽双绞线(STP)与非屏蔽双绞线(UTP)。屏蔽双绞线在双绞线与外层绝缘封套之间有一个金属屏蔽层。屏蔽层可减少辐射，防止信息被窃听。也可阻止外部电磁干扰的进入，使屏蔽双绞线比同类的非屏蔽双绞线具有更高的传输速率。

（五）电 磁 阀

电磁阀是用来控制流体方向的自动化基础元件，属于执行器；通常用于机械控制和工业阀门上面，通过对阀门开关的控制达到对流体方向进行控制。它的原理是：通电时，电磁线圈产生电磁力把关闭件从阀座上提起，阀门打开；断电时，电磁力消失，弹簧把关闭件压在阀座上，阀门关闭。

电磁阀的选型首先应该依次遵循安全性、可靠性、适用性、经济性四大原则，其次是根据6个方面的现场工况（即管道参数、流体参数、压力参数、电气参数、动作方式、特殊要求进行选择）。①根据管道参数选择电磁阀的通径规格（即DN）、接口方式。②按照现场管道内径尺寸或流量要求来确定通径（DN）尺寸。③接口方式，一般＞DN 50要选择法兰接口，≤DN 50则可根据用户需要自由选择。④电气选择：电压规格应尽量优先选用AC 220V、DC 24较为方便。⑤根据持续工作时间长短来选择：常闭常开或可持续通电。

（六）交流接触器

接触器是一种自动化的控制电器。接触器主要用于频繁接通或分断交、直流电路，具有控制容量大，可远距离操作，配合继电器可以实现定时操作，联锁控制，各种定量控制和失压及欠压保护，广泛应用于自动控制电路，其主要控制对象是电动机，也可用于控制其他电力负载，如电热器、照明、电焊机、电容器组等。交流接触器的原理是：它利用主接点来开闭电路，用辅助接点来执行控制指令。当线圈通电时，静铁芯产生电磁吸力，将动铁芯吸合。由于触头系统是与动铁芯联动的，因此动铁芯带动三条动触片同时运行，触点闭合，从而接通电源。当线圈断电时，吸力消失。动铁芯联动部分依靠弹簧的反作用力而分离，使主触头断开，切断电源。

接触器按被控电流的种类可分为交流接触器和直流接触器。这里主要介绍常用的交流接触器。交流接触器又可分为电磁式和真空式2种。农业控制系统中电磁式的较为常用。交流接触器的选用主要原则是：①按接触器的控制对象、操作次数及使用类别选择相应类别的接触器。②按使用位置处线路的额定电压选择。③按负载容量选择接触器主触头的额定电流。④对于吸引线圈的电压等级和电流种类，应考虑控制电源的要求。⑤对于辅助接点的容量选择，要按联锁回路的需求数量及所连接触头的遮断电流大小考虑。

第二节　自动化控制系统的研发软件

工农业生产规模不断扩大，使得控制系统越来越复杂。采用VB、VC等编程工具开发应用系统，程序模块重复编写，周期长，测试烦琐，资金投入大。在这种情况下，迫切需要简捷的开发途径。力控组态软件孕育而生。利用系统软件提供的工具，通过简单形象的组态工作，构成系统所需的软件。它具有画面显示、良好的开放性、丰富的功能模块、强大的数据库等功能。

Force Control 5（三维力控）监控组态软件是北京三维力控科技有限公司使用NET技术开发而成，与力控早期产品相比，Force Control 5产品在数据处理性能、容错能力、界面容器、报表等方面产生了巨大飞跃。

力控监控组态软件是对现场生产数据进行采集与过程控制的专用软件，最大的特点是能以灵活多样的“组态方式”而不是编程方式来进行系统集成，它提供了良好的用户开发界面和简捷的工程实现方法，只要将其预设置的各种软件模块进行简单的“组态”，便可以非常容易地实现和完成监控层的各项功能。

一、Force Control 5 软件的基本结构

力控监控组态软件基本的程序及组件包括：工程管理器、开发系统、界面运行系统、实时数据库、I/O 驱动程序、网络通信程序、远程通信服务程序和 Web 服务器程序等。

(一)工程管理器(Project Manager)

工程管理器用于工程管理，包括用于创建、删除、备份、恢复、选择工程等。

(二)开发系统(Draw)

开发系统是一个集成环境，可以完成创建工程画面、配置各种系统参数、脚本、动画、启动力控其他程序组件等功能。

(三)界面运行系统(View)

界面运行系统用来运行由开发系统 Draw 创建的画面、脚本、动画连接等工程，操作人员通过它来实现实时监控。

(四)实时数据库(DB)

实时数据库是力控软件系统的数据处理核心，构建分布式应用系统的基础，它负责实时数据处理、历史数据存储、统计数据处理、报警处理、数据服务请求处理等。

(五)I/O 驱动程序(I/O Server)

I/O 驱动程序负责力控与控制设备的通信，它将 I/O 设备寄存器中的数据读出后传送到力控的实时数据库，最后界面运行系统会在画面上动态显示。

(六)网络通信程序(Net Client/Net Server)

网络通信程序采用 TCP/IP 通信协议，可利用 Intranet/Internet 实现不同网络节点上力控之间的数据通信，可以实现力控软件的高效率通信。

(七)远程通信服务程序(Comm Server)

该通信程序支持串口、电台、拨号、移动网络等多种通信方式，

通过力控在两台计算机之间实现通信，使用 RS-232 C 接口，可实现一对一(1∶1 方式)的通信；如果使用 RS 485 总线，还可实现一对多台计算机(1∶N 方式)的通信。同时也可以通过电台、MODEM、移动网络的方式进行通信。

(八)Web 服务器程序(Web Scrver)

Web 服务器程序可为处在世界各地的远程用户实现在台式机或便携机上用标准浏览器实时监控现场生产过程。

二、应用系统的开发步骤

(一)创建组态界面

进入力控的开发系统后可以为每个工程建立无限数目的画面，在每个画面上可以组成相互关联的静态或动态图形。这些画面是由力控开发系统提供的丰富的图形对象组成的。开发系统提供了文本、直线、矩形、圆角矩形、圆形、多边形等基本图形对象，同时还提供了增强型按钮、实时\历史趋势曲线、实时\历史报警、实时\历史报表等组件。开发系统还提供了在工程窗口中复制、删除、对齐、打成组等编辑操作，提供对图形对象的颜色、线型、填充属性等操作工具。在图 5-2 中，温度传感器、开关、水泵、蓄水池、电磁阀门、输水管道等图形就是利用力控的强大图形编辑功能实现完成的。

(二)定义 I/O 设备

在力控中，把需要与力控组态软件之间交换数据的设备或者程序都作为 I/O 设备。I/O 设备包括：DDE、OPC、PLC、UPS、变频器、智能仪表、智能模块、板卡等，这些设备一般通过串口和以太网等方式与上位机交换数据；只有在定义了 I/O 设备后力控才能通过数据库变量与这些 I/O 设备进行数据交换。

力控提供了采集模块 LTM 8662 的驱动程序。此时，定义 I/O 设备就是对计算机与采集模块 LTM 8662 间通信用到的参数进行配置。此控制系统通信的主要参数设置是：设备名称：LTM 8662-1；设备地址：00；串口：COM1；通信方式：串口（RS-232/485)；波特率：9600；数据位：8；奇偶校验：无；停止位：1；超时时间：10 秒。

(三)创建实时数据库

数据库 DB 是整个应用系统的核心、构建分布式应用系统的基础。它负责整个力控应用系统的实时数据处理、历史数据存储、统计数据处理、报警信息处理、数据服务请求处理。在林下微喷控制系统中，实时数据库存储数据采集模块采集到的林下温度、湿度、喷水时间等数据。在对食用菌生产过程分析时，可以调用数据库数据进行统计分析、趋势预测、过程重演、动画演示等操作。

(四)制作动画连接

制作动画连接是指在画面的图形对象与数据库的数据变量之间建立一种关系，当变量的值改变时，在画面上以图形对象的动画效果表示出来；或者由软件使用者通过图形对象改变数据变量的值。一个图形对象可以同时定义多个链接，组合成复杂的效果，以便满足实际中任意的动画显示需要。如图 5-2 香菇监控画面的动画，蓄水池水位变化设为填充动画，随着蓄水池的水量的变化，监控画面的水池图标的颜色用红色填充，填充面积随水位的变化增大或减小。微喷管道的颜色在运行时绿色和灰色交替闪现，表示设备正在喷水，停止闪烁长时间呈现灰色表示停止喷水。

(五)动作脚本编程

动作脚本是一种基于对象和事件的编程语言，语法采用类似 BASIC 的结构。可以说，每一段脚本都是与某一个对象或触发事件紧密关联的。利用开发系统编制完的动作脚本，可以在运行系统中执行，运行系统通过脚本对变量、函数的操作，便可以完成对现场数据的处理和控制，进行图形化监控。在图 5-2 中微喷管道的颜色变化代表微喷系统的运行状态，它的变化受喷水时间和林下温、湿度等多种条件的影响。这种较复杂条件下的动画需要动作脚本编程来实现。

第三节　自动化微喷控制技术

食用菌种类众多,生长发育条件不尽相同,所需温、湿度环境和水分含量也不一样。通过创建食用菌数据库,将各种食用菌的生长条件录入数据库。根据种植的食用菌种类微喷控制系统自动调用数据,完成生长限制因子的设置(温度、湿度、时间)。本节以林下种植香菇为例说明林下食用菌自动化微喷控制技术,其他操作类似。

一、系统的应用环境

林下香菇生产基地占用速生林地 40 020 平方米,利用林下空地搭建床架生产香菇。根据实际需要测算挖建蓄水池 2 座分布在林地适当位置;生产林地分成 3 个管理小区,由 3 个电磁阀分别控制小区的微喷管道,实现对香菇的喷水作业;每小区设有 2～3 个温、湿度监测点,生产林地共设置 8 个监测点。

二、硬件设备的选用

硬件设备的选用见表 5-1。选用北京长英科技公司的 LTM 8662、LTM 8876、LTM 8906 系列模块组网。LTM 8662 是全能远程测控模块,是微喷控制系统的数据传输、采集的中心枢纽;LTM 8876 是长英公司对数字温度传感器 DS-18 B 20 进行防水封装后的实用产品,能够插入食用菌菌棒测量菌棒的温度;LTM 8906 是光电隔离开关量 I/O 模块,通过该模块控制电磁阀的开闭起到对菌棒的喷水作用。硬件及功能见表 5-1。

小拱棚的温、湿度测量,可以对常用的普通干湿球温度计进行改装测量拱棚内的温、湿度。改装方法就是用LTM 8876替换原来的玻璃温度计,将原来的玻璃温度计去掉,把LTM 8876固定在玻璃温度计的原来位置,通过编程查温、湿度表自动实现小拱棚内的温、湿度的测量。

表5-1 硬件设备及功能

设备名称	功能	设备名称	功能
采集模块LTM 8662	数据采集	24V电源	采集模块供电
传感器LTM 8876	温、湿度感应	10A交流接触器	水泵控制
Rs-232/485(LTM 8520)	数据传输	ϕ50毫米电磁阀	水流控制(阀门)
8路I/O LTM 8906	电磁阀控制	力控5.0	软件开发
屏蔽式四芯双绞线	数据传输线路	移动电脑	硬件平台监控中心

三、系统的工作原理

LTM 8662采用轮询方式访问LTM 8876和LTM 8906,即定时依次访问各个单总线设备取得实时温度数据,然后把采集到的数据通过Rs-485总线传输到计算机;计算机在管理员的操作下或自动完成数据的存储、分析后向LTM 8662发出控制信息,再由LTM 8662翻译计算机发来的控制信息由LTM 8876和LTM 8906具体执行指令。系统的工作原理和连接见图5-1。

该系统以LTM 8662为中心通过双绞线连接周围从属设备,构成1个管理单元,能够管理40 020平方米林地的食用菌生产。在水源充足的情况下,1台PC机能够扩展挂接4个单元,即能够管理160 080平方米林地的食用菌微喷设备。按照研究精度要求,以及生产场地内小拱棚与水电线路、道路等分布特点,为每个单元设计出了"双S形交叉"铺设方案(图5-2)。图5-2还反映了1个单元监测点(即传感器)的相对位置,其中包括8个温、湿度监测点、2个液位传感器、1个采集模块。

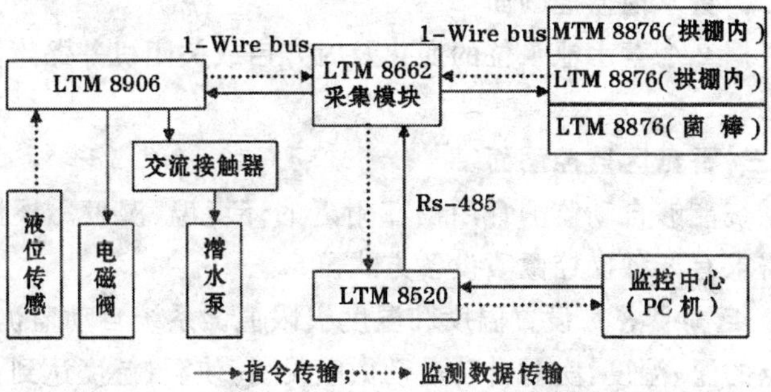

图 5-1　设备连接与工作原理

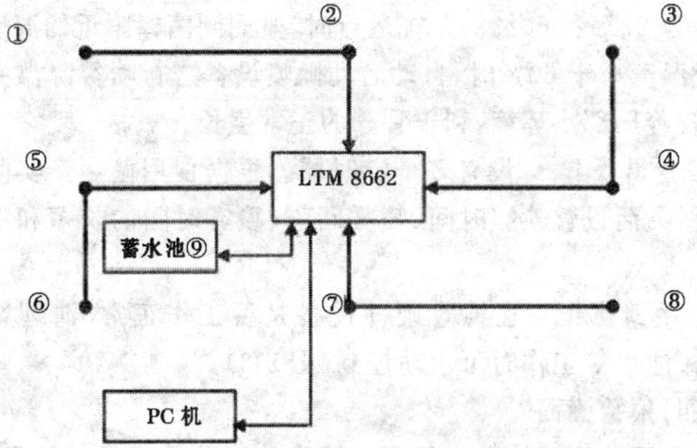

图 5-2　线路的架设和监测点

注:①　⑧监测点,⑨液位传感器和交流接触器

四、监控系统主要的功能设计

根据食用菌生产的需要设计启动画面、蓄水池监控画面、香菇监控画面、报警画面、实时曲线画面、历史曲线画面、报表画面。

(一)启动画面

做装饰和系统安全登录,输入密码正确才能使用监控系统。

(二)蓄水池监控画面

根据2个蓄水池水位的变化及时开启或关闭机井保障微喷设备供水。

(三)香菇区监控画面

系统能够自动监测食用菌棒附近的环境温、湿度。根据实际生产需求有3种操控微喷设备方式。

1. 自动监控 设置温度和湿度极限值。系统自动监测12个监测点的温、湿度,实时自动启动微喷设备,使温、湿度达到食用菌生长较为合适的温度和湿度。如香菇生长最适温度为24℃～27℃°,最适空气相对湿度为60%～70%。温度和湿度极限值分别设置为27℃和60%。系统运行时,监测到菌棒附近的温度高于27℃或湿度小于60%时,自动启动微喷设备进行喷雾降温并增加湿度,改善局部小环境,利于香菇的正常生长。

2. 定时操作 设有多个定时器。根据食用菌生产实际情况的需要,灵活设置喷雾时间、喷雾间隔、喷雾时间的长短和喷雾的次数。

3. 手动操作 在检查硬件设备是否工作正常、清理堵塞喷头、菌棒注水等工作时可手动控制(图5-3)。

(四)报警画面

当食用菌小环境温度超高时或水池水位异常或故障发生时,微机通过外接音箱发出语音报警,并在微机屏幕上给出提示;报警画面上可以设置报警的上限、上上限、下限和下下限,当超过了设置的范围时就会有报警,保证了系统的安全运行。

(五)趋势曲线

趋势曲线有实时趋势曲线和历史趋势曲线。在力控中通过图库可方便地绘制曲线画面,在趋势曲线中可规定时间间距、数值范围、坐标系数等。实时趋势曲线可以自动卷动,以快速反应变量随时间变化。历史曲线显示系统运行的时候各个主要变量的历史记

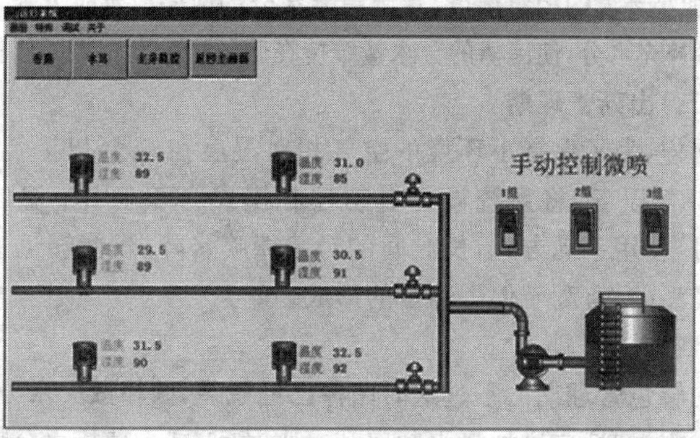

图 5-3　香菇监控画面

录，可以查询以前的历史记录时段、任意时间的记录。

(六)报　表

本系统设计了实时数据报表和历史数据报表，用于分析食用菌生产过程中存在的问题，并为以后的食用菌生产提供依据。同时能够打印各种报表、历史曲线、运行记录、报警数据等。

五、操作设定

(一)发菌管理期

在华北地区 5 月 1 日前后，将尚未发好菌的香菇棒转入林下生产场地进行发菌。这时的树林郁闭性差，在阳光直接照射菌棒时，菌棒温度可达 40℃以上，会出现烧菌现象。此时，可将控制系统设为自动监控方式，实时监控菌棒的温度，温度在高于 30℃时，系统自动启动微喷设备对菌棒喷水降温，防止出现烧菌。

(二)转色管理期

此时为了转色，在菌棒上刺孔后菌棒的透气性增大，水分散失较大。这时可采取自动和定时的操控方式。自动方式能监测菌棒附近的空气相对湿度，当空气相对湿度小于 60%时启动微喷设备进行喷水,增加小环境的相对湿度,减慢菌棒水分的散失。定时方式可定时为菌棒补充水分,使菌棒的含水量维持在菌丝生长发育的较佳状态。

(三)出菇管理期

同样,为了保持小环境的空气相对湿度在60%以上,温度控制在28℃以下,将系统设为自动控制模式。可在中午温度高于32℃时,使用手动方式,长时间的对菌棒喷水降温,能够迅速造成小环境温差,有利于促进菇蕾的形成。

(四)养 菌 期

同转色管理期。不过这时菌棒已经脱袋,菌棒散失水分加快,在定时方式时,应增加喷水频率和喷水时间,减少菌棒水分散失。

六、自动化微喷控制效益

(一)资源节约

表5-2总结了人工与自动模式下人工、水电投资情况。从中可以看出,在一个生产周期内,使用自动化微喷系统代替人工作业,设备费摊销额为53.6元/667米^2,相当于人工费270元的19.8%,节约了80.2%;耗水量平均每667平方米405立方米,相当于人工模式下675米^3/667米^{2}的60%,节约了40%;平均每667平方米耗电277千瓦时,相当于人工模式下455.6千瓦时的60.8%,节约了39.2%。可见,该系统可发挥显著的节本增效功能。

表5-2　不同作业模式下每个生产周期投资情况

投资面积	人工模式			自动模式		
	人工费(元)	耗水量(米^3)	耗电量(千瓦时)	设备费(元)	耗水量(米^3)	耗电量(千瓦时)
40 020米^2	16200	40500	27337.5	18550	24300	16618.5
667米^2	270	675	455.6	53.6	405	277.0
节约量/667米^2	—	—	—	216.4(人工)	270	178.6

(二)提质增益

自动化的喷水,改变了在菌棒出菌阶段只能在白天喷水的模式,24 小时内喷水 6 次。这样能够有效地维持林下适宜小环境,降低菌棒的水分蒸发损耗,有利于菌丝的营养积累和菌丝的生长。这样可以采取每次较少的补水就可以达到刺激出菇和补充菌棒水分的目的。补水少、刺激小、出菇少,但单菇体型大、一级菇增多、二级菇减少,单菌棒总产量不变。同时,在补水后的 1 周可以颠倒菌棒的方式再次刺激出菇(此方式刺激小,一级菇多)。两种管理模式下的一级和二级菇情况,见表 5-3。

表 5-3　提高香菇质量后的效益

香菇等级	人工模式			自动化模式		
	产量(千克)	单价(元)	单菌棒效益(元)	产量(千克)	单价(元)	单菌棒效益(元)
一级菇	0.3	7	2.1	0.487	7	3.41
二级菇	0.45	2.4	1.08	0.263	2.4	0.63
小　计	0.75		3.18	0.75		4.04

由表 5-3 看出,单菌棒产量 0.75 千克,单菌棒一级菇由 40%提高至 65%;单菌棒增加收入 0.86 元;每 667 平方米增加收入 3 440 元,40 020 平方米增加收入 206 400 元。

第六章　食用菌病虫害的无公害防治技术

食用菌病虫害是生产食用菌的劲敌，轻者降质减产，重者栽培失败。防治食用菌病虫害是栽培食用菌中不可轻视的工作，应引起高度重视。

食用菌是食药兼得的高级食品，又是关系到人身健康的商品。在食用菌栽培中对病虫害发生处理不当，造成药残超标、发生外商拒货、口岸扣押，直接影响到食用菌能否走出国门、站稳国际市场和广开销路。为此，本章中重点介绍食用菌主要病虫害的识别、发生规律和无公害防治技术。

第一节　食用菌常见病害及防治

一、真菌性病害及防治

(一)青霉病

青霉病也叫蓝绿霉病。是食用菌制种过程中常见的污染杂菌，主要危害各种食用菌的菌丝体。林下栽培时，一定条件下，除危害平菇子实体外，还危害香菇、草菇、金针菇、双孢菇、木耳等。

1. 症状与危害　青霉常污染菌种和菌袋。侵染幼菇发病一般顶部呈黄褐色枯萎，生长停止，表面很快长出绿色粉状霉层，其邻近的正常生长的健菇可被传染。菌柄基部呈黄褐色腐烂，很快长出绿色粉状霉层。

金针菇基腐病，子实体生长发育阶段，菌柄基部变黑褐色至黑色腐烂，基部腐烂后子实体倒伏。幼菇丛发病虽不倒伏，但不能继续向上生长发育。严重发生时，针状的幼菇成丛变黑腐烂。

2. 病原 青霉(Penicillium spp.)属半知菌亚门，丝孢纲，丝孢目，青霉属。常见的危害种有黄青霉、圆弧青霉等。不同种的菌落呈现不同颜色，有绿色、黄绿色、淡灰黄色、黄色、灰绿色、蓝绿色、紫红色等。营养体菌丝无色、淡色或具鲜明颜色。分生孢子梗有横隔，经过多次分枝，产生几轮对称或不对称的瓶状小梗，形如扫帚。

3. 病害循环与发病条件 青霉菌适宜生长温度为20℃～30℃，空气相对湿度在90%以上。以分生孢子通过空气、土壤、肥料、植物残体传播。平菇一般不易受青霉菌侵染，但当培养料pH值小于4时或含水量不足、培养料碳水化合物过多、幼菇生长瘦弱的条件下，易受青霉菌感染。

4. 病害控制 ①搞好环境卫生，及时清除林间落叶、食用菌及菌棒残体，带出林外深埋；发现病菇及瘦弱菇及时清除处理，防止病害扩散。②选用新鲜、干净并经暴晒的培养料。③袋料栽培品种，收第一潮菇后及时清理菌棒料面，剔除菇根和弱菇，然后喷洒10%石灰水1次，降低培养料酸度。覆土栽培品种在发生青霉的地方，及早挖除病菌并撒施石灰粉或喷施50%多菌灵可湿性粉剂500倍液，防止霉菌蔓延。④菇床发生青霉菌后，可喷洒25%多菌灵可湿性粉剂500～800倍液或70%甲基硫菌灵可湿性粉剂800倍液。

(二)绿霉病

绿霉又名木霉。是食用菌生产中危害最大的竞争性杂菌，尤其是困扰香菇菌棒生产的杂菌病害。绿霉的寄主范围很广，几乎危害所有的食用菌；分布范围很大，是世界性的食用菌危害菌；危害期长，食用菌的整个生产过程都会受到侵害；危害程度大，严重时可使整批食用菌绝收。

1. 症状与危害 初期菌丝为白色、细而密，逐渐变为浅绿色。

菌落中央为深绿色，边缘呈白色。后期变为深绿色，严重时可使整个菌袋全部变为墨绿色。

2. 病原　绿霉菌（*Trichoderma spp.*），无性世代属半知菌亚门，丝孢纲，木霉属。对食用菌造成危害的主要有绿色木霉（T. viride）、康氏木霉（T. köningii）、多孢木霉（T. polysporum）等。木霉最适生长温度为30℃，空气相对湿度在95%左右，pH值为3～7。孢子萌发的最适温度为25℃～30℃。

3. 防治方法　参考青霉病“病害控制①、②、③”的内容。

（1）香菇菌棒处理　①厌氧发菌法：将感病严重的菌袋单层平放，上覆盖潮细土3～5厘米，待香菇菌丝布满菌袋后取出，此期间需遮荫、常检查、防高温。②温差控制法：根据香菇与绿霉菌丝生长的温度不同，把感病后的菌袋处理（病部涂抹1%石灰水）运出培养室，置于20℃以下阴凉通风处，可抑制绿霉扩散、香菇菌丝亦能正常生长。

（2）培养料局部处理　发现培养料局部有绿霉危害时可以局部涂抹2%甲醛、5%石炭酸、200倍50%多菌灵液、75%甲基硫菌灵溶液，或往污染处撒石灰粉，防治效果也较好。

（三）平菇镰孢枯萎病

1. 症状与危害　主要侵染子实体。子实体中部发黄，菌盖分化不正常、出现翻卷，生长发育受阻，形成“僵菇”。严重时，整个菇体变褐枯萎、僵硬或猝倒，但不腐烂。寄主范围：平菇。

2. 病原　由镰孢霉引起。

3. 病害循环与发病条件　该病菌分布广泛，可生活在土壤中、食物上、植物残体上腐生，也可寄生在活的植物体上，危害多种食用菌子实体。分生孢子通过空气、培养料、土壤、水进行传播，通风不良、湿度过大易引发此病。

4. 病害控制　培养料要求新鲜干燥，不能使用霉变腐朽的原料。夏季栽培不宜使用菌渣。培养料中拌入50%多菌灵可湿性粉剂 1 000 倍液可防止该病发生。出现病菇及时摘除，加强通风，控制喷水，用 50%多菌灵可湿性粉剂 800 倍液或 70%甲基硫菌灵 800 倍液局部处理。

（四）平菇指孢霉软腐病

1. 症状与危害　发病初期，菇床料面长出一层白色绵毛状菌丝、生长很快。子实体受病原菌侵染后菌柄及菌褶处长满白色菌丝，菌柄从基部向上呈淡褐色软腐状、但不散发臭味。子实体感病后不发生畸形也不腐烂，但手触即倒。未软腐的子实体生长受抑制、发育缓慢、且呈污黄色，与正常的子实体有明显区别。

2. 病原　由指孢霉侵染引起。

3. 病害循环与发病条件　该病菌喜酸性且富含有机质的土壤，在高温、高湿条件下易发生此病。

4. 病害控制　①培养料进行高温堆制灭菌。②搞好菇房卫生，喷洒 50%多菌灵可湿性粉剂 1 000 倍液或 2%～5%漂白粉混悬液。③用 0.2%多菌灵（40%悬浮剂）拌料。④床面出现白色菌被后及时扒除菌被，停止喷水 1～2 天，并加强通风，喷 25%多菌灵可湿性粉剂 500 倍液或 80%代森锰锌可湿性粉剂 500 倍液。⑤出菇期间，控制用水量和湿度，干湿交替地进行水分管理，加强通风换气。⑥菇体发病后及时摘除病菇，并在感染部位喷洒多菌灵或漂白粉。

（五）疣孢霉病（湿泡病）

疣孢霉菌侵染导致的食用菌病害叫做疣孢霉病，双孢菇、白灵菇受害又叫湿泡病（褐腐病）、菇疱病，草菇受害又叫湿腐病。该病在食用菌主产区迅速蔓延扩散，危害逐年加重。

1. 寄主范围　双孢菇、白灵菇、草菇、平菇、香菇、银耳、灵芝、茶树菇等。

2. 症状与危害　该病发生于菇蕾分化期，菇蕾被侵染后形成如马勃状组织，不能形成正常的菇蕾，菇农称之为“菇疱”，一般病菇比正常菇提前3～4天出菇。严重发生时，整个菇床见不到1个完整的蘑菇。在幼蕾生长期受害，菌盖发育不正常或停止生长，菇柄膨大变形、变质、畸形，后期内部中空，菌盖和菌柄交界处及菌柄基部长出白色绒毛状菌丝，进而变成暗褐色，并流出褐色汁液，腐烂，有恶臭气味。在高湿条件下，褐色汁液溢出病菇表面，在菌盖、菌柄上出现褐色病斑，被称为"疣孢霉褐斑病"。在菇体生长后期被轻度感染，菌盖表面产生许多瘤状凸起，失去商品价值。

茶树菇受害，子实体停止生长，菌盖、菌柄的组织和菌褶均变为褐色，最后腐烂发臭。

3. 病原 菌盖疣孢霉（*Mycogone perniciosa* Magn.）属半知菌亚门，丛梗孢目，丛梗孢科，疣孢霉属。菌丝灰白色、疏松，气生菌丝发达。分生孢子梗呈轮状分枝，顶端单生分生孢子。无性孢子两种形态，单胞或双胞的无色的薄壁分生孢子和双细胞的厚垣孢子。厚垣孢子对不良环境具有很强的抵抗能力，自然条件下生命力能达几年之久。

4. 病害循环与发病条件 疣孢霉是一种土壤真菌，平时生活在有机质丰富的土壤中，广泛分布于表土层2～9厘米处，土内2～3厘米处的厚垣孢子萌发率最高。病残体上的孢子在室内外均可越冬。菇场周围的土壤和废弃物是该病的主要来源。覆土中的厚垣孢子可导致初侵染。当孢子落到正在生长的蘑菇上，蘑菇菌丝能刺激孢子萌发。菇体被病菌侵染至发病需10多天。分生孢子可由气流、工具、喷水、害虫以及操作人员传播引起再侵染。

高温、高湿和通风不良疣孢霉病发病严重，阴雨天气有利该病大发生。疣孢霉的最适生长温度为25℃，20℃条件下分生孢子产生量最大，10℃时生长极为缓慢，35℃时不能生长，45℃处理45秒即不能恢复生长，36℃处理48小时失活。疣孢霉最适pH值为5～6。

5. 病害控制 防治策略采取"预防为主，药剂为辅"的综合防治方法。

(1) 环境消毒　搞好菇场的环境卫生，清扫林间枯枝落叶，带出林外集中烧毁；旧床架要进行消毒处理，可用0.1%甲基硫菌灵(或多菌灵、甲醛等)溶液喷洒消毒，也可用石硫合剂涂刷旧床架。药剂消毒前要让疣孢霉孢子吸水萌发，再用药剂喷杀，效果较好。

(2) 覆土消毒　在未被污染的地方取土，宜用距地表20厘米以下的土。疣孢霉病发生严重的地区，河泥、塘泥等含疣孢霉孢子较多，不宜使用。覆土材料消毒方法：一是在烈日下暴晒3～4天，最好加盖塑料薄膜以提高温度。二是药剂处理，咪鲜胺锰盐拌土，其方法：每平方米覆土用50%可湿性粉剂0.8～1.2克，对水1升，拌土；喷淋法，于菇床覆土后5～9天，喷淋菇床，用量同上。或使用时用0.1%甲醛水溶液均匀调水，每立方米覆土需工业甲醛2升左右，调至土粒呈湿润状态，然后用薄膜覆盖密闭1天再摊开晾1天，让甲醛挥发后使用。其他有效药剂有苯菌灵、多菌灵、甲基硫菌灵和涕必灵等。三是用蒸汽消毒覆土，可在65℃下保持1小时。

(3)培养料消毒　若培养料在菇房内进行二次发酵，可结合巴氏消毒法通蒸汽消毒。若不在菇房内进行二次发酵，可用甲醛消毒，按每立方米用10毫升甲醛、2克高锰酸钾的量熏蒸12小时。或用气雾消毒盒按每立方米2～4克量熏蒸2小时以上。

(4)菇场及其周围消毒　蘑菇覆土之后出菇之前，在菇场及周围环境均匀喷洒苯并咪唑类农药，可有效防止疣孢霉病发生。常用的农药有多菌灵、甲基硫菌灵、噻菌灵等，使用浓度为500～1 000倍液。

(5) 发病菇床处理　若遇疣孢霉病大面积发生应立即停止喷水，发病地方撒石灰粉，第二天挖掉菇床上的病菇及疣孢霉菌丝块。再均匀喷洒苯并咪唑类农药，使用浓度同上。注意一定要喷湿喷匀表层覆土，周围环境也要均匀喷。甲醛不能用于菇床防治。

(六)轮枝霉病(干泡病)

病原菌可引起双孢菇干泡病,又叫轮枝霉病褐斑病、褐斑病、干腐病等;银耳的僵耳病,鸡腿菇的黑斑病等。

1. 寄主范围 双孢菇、白灵菇。

2. 症状与危害

(1)双孢菇、白灵菇症状与危害 蘑菇幼小菇蕾受侵染后与疣孢霉湿泡病症状相似,菇蕾不能进一步分化形成正常的菌柄和菌盖,变为不规则形状的菌块组织,直径1～2厘米、白色、质地较干。后期菌块组织逐渐干缩,表面没有褐色汁液,无臭味,不黏滑,干泡病由此而来。中后期感病可有以下几种症状:菌柄粗大、菌盖变小的畸形;菌柄粗大、菌皮开裂反卷,菌盖边缘不圆正;菌盖上产生许多不规则针头状褐色斑点,从感病到出现褐色病斑需14天左右,以后斑点逐渐扩大并产生凹陷,凹陷部分呈灰白色为菌丝或霉状物;若菌柄受感染,会使菌柄加粗变褐,外层组织剥裂。病菇常干裂,长大后菌盖歪斜畸形,菇体腐烂速度较慢,不分泌褐色汁液,无特殊臭味,这是该病区别于疣孢霉病的特征之一。

(2)鸡腿菇黑斑病症状与危害 发病初期,鸡腿菇菌蕾或幼菇表面可见一层白粉状病原菌,之后菌盖上出现黑褐色斑点并逐渐扩大,病斑中心凹陷、色泽变深,产生灰白色病原物(轮枝霉菌丝体及分生孢子层),后期形成较多粉状孢子。幼菇发病后可继续生长,但发育不良,色泽灰白,病斑部位质地较干,局限于菌盖表层组织。随着菇体生长和病斑发展,子实体多呈畸形,菌盖短薄,病斑部位开裂干腐。后期菌柄受感染,上部外层组织剥裂,表面粗糙产生黑斑。菌肉由外向内变污白至黄褐色。病菇腐烂速度较慢,一般不湿腐、不分泌褐色汁液,无特殊臭味。

3. 病原 病原主要为菌生轮枝霉(*Verticillium fungicola* Preuss.)。属半知菌亚门,丛梗孢目,丛梗孢科,轮枝霉属。分生孢子单细胞,分生孢子梗轮生。

4. 病害循环与发病条件　轮枝霉广泛存在于土壤中，覆土中的轮枝霉菌丝体常是初侵染源。轮枝霉孢子萌发后在覆土或菇体表面形成菌落，并在短期内产生孢子，这些孢子借助气流、不合理的喷水、溅起的水滴及菇体渗出汁液传播再侵染。在覆土过湿及低温高湿情况下易发此病。据报道，菇房内普遍发生的几种食酪螨可取食轮枝霉的孢子和菌丝，但取食的病菌孢子经粪便排出后仍具有萌发能力，因此菌螨也是该病传播的重要媒介物。病害的发生还与食用菌的菌丝体的生命力有关。当菌丝体处于衰老状态时，也有利于轮枝霉菌丝的生长和孢子的萌发与侵染。这种病在菇房经常是小面积发生，很少大面积流行。

5. 病害控制　①堆肥进行后发酵处理，既可杀死堆肥中的病菌和害虫又可提高堆肥质量，有利于蘑菇菌丝的生长，提高对病菌的抵抗力。②消毒好覆土，方法参考疣孢霉病覆土处理。③及时做好螨虫的防治。④局部发生时应减少床面喷水，加强通风，降低土表面和空气湿度。小心清除感病子实体。病害喷药剂防治，可选品种有50%多菌灵可湿性粉剂500倍液、70%甲基硫菌灵1000倍液或45%噻菌灵悬浮剂2000倍液喷雾。

(七)丝枝霉病

丝枝霉病又叫斑点病或凹斑病。主要危害双孢菇子实体，少量寄生于香菇、白灵菇、平菇和猴头菇等。

1. 症状与危害　子实体感病后在菌盖和菌柄上会出现褐色稍凹陷的病斑，病斑形状大小不一、边缘色较深。潮湿条件下长出灰白色的霉状物，即病菌的分生孢子梗和分生孢子。菌肉组织溃烂，病斑有时出现裂纹。

2. 病原　病原菌为蛛网丝枝霉(*Aphanocladium aranearum*)。属半知菌亚门真菌，丝孢纲，丝孢目，丛梗孢科。培养基上气生菌丝有分隔和分枝，灰白色，有时2～5条形成疏松的菌丝束，分隔处或沿匍匐菌丝的两侧产生瓶梗，末端产生单个的或短链的分生孢子(卵圆形、单胞)。菌落后期稍带黄褐色,10 天后菌落下的培养基呈暗紫色至黄褐色,并有针头大小的黑褐色的颗粒体结晶。

3. 病害循环和发病条件 该菌可在稻田土壤中自然存活,也可生存在废弃的堆肥和覆土中,靠分生孢子随气流、水及农事操作传播。高温条件有利于病菌生长和侵染。季节之间的连接主要通过侵染不同食用菌而延续。

4. 病害控制 ①堆肥进房后进行后发酵处理。②消毒覆土,其方法参考疣孢霉病覆土处理。③发病初期及时清除并集中处理感病子实体,防止孢子扩散。④药剂防治参考轮枝霉病(干泡病)。

(八) 褶霉病

褶霉病除危害双孢菇外还可危害香菇、白灵菇、茶树菇等。

1. 症状与危害 病原菌侵染蘑菇子实体的菌褶和菌盖,尤其是菌褶受害后症状明显。发病部位的菌褶连在一起,并出现杂色斑纹。子实体变形。菌盖上的症状为暗褐色斑点,病斑组织变硬,菌肉一般腐烂。

2. 病原 头孢霉(*Cephalosporium*)。属半知菌亚门真菌,有褶生头孢霉(*C. lamellaecola*)和康氏头孢霉(*C. constantnii*)两个种。菌丝体有隔、无色。分生孢子梗直立、短小、不分枝,基部稍膨大、呈瓶状结构。分生孢子单胞,卵形或柱形,从分生孢子梗顶端溢出后靠黏液黏在一起,形成假头状球形,遇水即可散开。

3. 病害循环与发病条件 头孢霉菌丝体可在土壤或土壤有机物上腐生生活。菇床覆土是其初侵染源,菇床发病后可以分生孢子通过接触、喷水管理、害虫活动传播引起再侵染。高温、高湿有利于病害发生。

4. 病害控制 防治方法同轮枝霉病,同时还要注意及时防治各种虫害。

（九）双孢菇软腐病和金针菇绵腐病

双孢菇软腐病又叫蛛网病、霜霉病、湿腐病。除危害双孢菇外还可侵染白灵菇和平菇。双孢菇软腐病与金针菇绵腐病是同一属的不同种病原菌引发的病害。

1. 症状与危害

(1)双孢菇软腐病　子实体长出前侵染，先在床面上长出灰白色霉斑，然后病斑迅速扩大并变为暗绿色，发病部位不再出菇。子实体长出后受害，病菌一般先侵染菇柄基部，逐渐向上蔓延，初期出现淡褐色不规则水渍状病斑，后很快被蛛网状菌丝体覆盖而软腐，病菇稍触即倒，蛛网病、软腐病由此得名。

(2)金针菇绵腐病　发病初期在金针菇菌柄上形成白色的较稀疏的菌丝、逐渐扩大，2 天左右就可在发病处看见较浓密的、似霜霉的霉层，严重时造成菌柄软腐；若危害菌盖，可产生褐色斑点。

2. 病　原

(1)双孢菇软腐病　病原菌为树状葡枝霉〔*Cladobotryum dendroides* (Bull.) W. Gams *et* Hoozi.〕。属半知菌亚门，丝孢纲，丝孢目，淡色孢科，葡枝霉属。气生菌丝白色、致密、棉絮状。分生孢子梗直立、不规则分枝，顶端轮生小梗，通常 3～5 个。小梗瓶状，顶端尖细，上着生 3～5 个分生孢子。分生孢子多为双胞，卵圆形或长椭圆形，无色。

(2)金针菇绵腐病　病原菌为葡枝霉，属异形葡枝霉种(*C. varium* Nees ex steud)。形状与树状葡枝霉相似，但生物学特性上有差别。

3. 病害循环与发病条件

(1)双孢菇软腐病　病原菌为土壤习居菌，病原随覆土、空气、水和昆虫传入菇场。发病温限 15℃～25℃、适温为 20℃～25℃，适宜 pH 值为 3～4，培养料含水量偏高的条件下易发生葡枝霉病。

(2)金针菇绵腐病　病原菌的菌丝生长适宜温度为15℃～25℃，最适温度为20℃，且菌丝生长速度极快，3天就可达到7厘米的直径。因此，一旦孢子萌发后在生产上若达到10℃左右的温度就可有利于病原的迅速发展。

4. 防治方法

(1)双孢菇软腐病　将培养料和覆土的pH值调为6.5～7，如向菇床上喷2%澄清石灰水等，可有效控制葡枝霉病的发生和蔓延。若菇床上出现葡枝霉病斑，应及时用石灰覆盖；环境卫生和覆土消毒可参考"疣孢霉病(湿泡病)病害控制之(1)、(2)"的内容。

(2)金针菇绵腐病　在金针菇生长期的播菌至芽出阶段是防治关键，菇房在进料栽培之前要用65%代森锰锌粉剂喷洒。当局部发病时，应立即停止喷水，加强通风降低湿度，摘除局部病菇，在患处撒生石灰，严重的可将整个菇袋带出棚外销毁。患病区继续扩大时，立即喷洒65%代森锰锌可湿性粉剂600倍液、40%多菌灵可湿性粉剂800倍液、70%甲基硫菌灵可湿性粉剂800倍液或50%苯菌灵可湿性粉剂1 000倍液防治。

(十) 枯萎病

枯萎病又称萎缩病、猝倒病。可危害双孢菇、白灵菇、平菇、银耳等食用菌子实体，是食用菌生产中的常见病害。

1. 症状与危害　蘑菇子实体被侵染后生长发育受阻，颜色淡黄。菌柄从外到内变褐，有的整个菇体变褐，干腐但不烂。平菇幼菇受害，停止生长，呈黄褐色萎缩，直至幼菇枯萎死亡。高湿条件下，病菇菌柄基部可见白色菌丝和粉状物。

2. 病原　病原为镰孢霉(*Fusarium*)。属半知菌亚门，丝孢纲，瘤座孢科，镰孢属。危害蘑菇的主要种有茄腐皮镰孢霉(*F. solani*)和砖红镰孢霉(*F. lateritium*)等。镰孢霉分生孢子梗单生或集成分生孢子座。分生孢子有两种类型：大型分生孢子多胞，3～5个隔膜，呈略弯曲的镰刀形，两头稍尖细，无色，基部有一凹痕，大小为 16～29 微米×3～9 微米；小型分生孢子为单胞，少数有 1～2 个隔膜，卵形或椭圆形。此外，在菌丝中间或顶端可形成厚垣孢子。

3. 发病规律 镰孢菌在自然界广泛分布，以菌丝体或厚垣孢子越冬，以分生孢了通过气流、水等传播引起再侵染。覆土太厚、高温、高湿有利于病害发生。

4. 防治方法 参考双孢菇湿泡病。

(十一) 毛柄病

毛柄病又称贝勒病、菇脚粗糙病等。

1. 症状与危害 主要危害双孢菇。子实体受害后菌柄、菌盖变成褐色、随病情加重颜色逐渐加深，在病菇菌柄和菌褶上以及周围覆土上经常可见到病原菌长出的粗糙的灰白色菌丝。病菇菌盖上有时也会发生褐色病斑，其周围常有 1 个黄色的环，与葡枝霉引起的病斑相区别。该病的典型症状是病菇菌柄粗糙、起皮、呈纤维毛状。

2. 病原 贝勒被孢霉(*Mortierella bainieri*)。属接合菌亚门，接合菌纲，毛霉目，被孢霉属。该菌产生孢囊孢子。

3. 发生特点 病菌产生的孢囊孢子很容易由风和水传播，也能由覆土带入菇房。病菌潜育期短，侵染次数较多。低温潮湿环境对病害发生有利。

4. 防治方法 发现病菇及时清除并集中处理。病原菌对铜制剂很敏感，可使用波尔多液或硫酸铜溶液喷洒发病部位，对控制病害扩大有一定作用。

(十二)草菇菌核病

草菇菌核病又称小球菌核病。主要危害草菇。

1. 症状与危害 病原菌的菌丝与草菇争夺养分和水分，并分泌毒素抑制草菇菌丝体生长。严重影响草菇产量，甚至导致绝收。菌丝体及子实体形成阶段易感病。发病初期，在草菇或菌床上出现白色菌丝，向四周扩散形成白色菌落，后白色菌丝消失。出现小菌核，菌核初期乳白色，随着体积增大逐渐变为米黄色，最后又缩小变为茶褐色，形状、大小及色泽近似油菜籽。感病子实体上的小黑点或颗粒，就是小核菌形成的菌核。染病菌床子实体不能形成或小子实体凋萎，大子实体被侵染后表面湿润、有黏性，继而腐烂或长出不规则裂纹或褶皱，造成畸形。

2. 病原　病原菌为齐整小核菌(*Sclerotium rolfsii* Sacc)。属半知菌亚门，小核菌属。有性世代罕见。小核菌的菌丝洁白，具丝状光泽，呈绵毛状或羽毛状，较草菇菌丝粗壮，可形成黑色的菌核，直径1毫米左右。

3. 病害循环与发病条件　病菌生活在土壤中或有机质上，能侵染多种蔬菜和禾谷类作物。栽培草菇的稻草或其他作物的秸秆多带菌。草菇播种后在高温高湿条件下，有利于病菌的迅速繁殖扩展。

4. 防治方法　①在闷热季节栽培草菇，培养料的含水量不能过高。②栽培环境保持通风换气。③培养料的酸碱度保持偏碱性。④发生小核菌局部污染时可用1%石灰水处理。

二、细菌性病害及防治

(一)荧光假单胞杆菌

荧光假单胞杆菌可引起香菇褐腐病、平菇腐烂病、金针菇锈斑病。

1. 症状

(1)香菇褐腐病　受害香菇子实体停止生长，菌盖上有病斑，菌褶变为褐色，最后腐烂发臭。

(2)平菇腐烂病　子实体感病初期在菌盖或菌柄上产生淡黄色水渍状斑，中温、高湿条件下病斑迅速扩展，最后造成整个子实体黄褐色水渍状腐烂，并有恶臭味，完全失去商品价值。

(3)金针菇锈斑病　子实体开伞后菌盖上出现黄褐色至黑褐色锈状小斑点，初期为针头状大小，扩大后有芝麻粒至绿豆粒大小，边缘不整齐，病斑可相互融合，病菌只危害菌盖表皮，不深入菌内。

2. 病原　荧光假单胞杆菌（*Pseudomonas fuloresens* Migla），有4根极毛，0.5～0.7微米×1～3微米，为好气性革兰氏阴性细菌。

3. 病害循环与发病条件　多发生于含水量多的菌棒上，在气温20℃时发病明显增多，气温降低后发病轻微。主要通过被污染的水或接触病菇的手、工具等传播。

4. 病害控制

(1)防止原则　搞好菇场卫生和消毒，使用清洁水喷洒。接触病菇的手未经消毒不要接触其他菌棒。注意通风和排水。及时摘除发病的子实体，同时加强通风，让菌棒去湿。

(2)防治方法　①培养料推广二次发酵，管理用水用漂白粉消毒。②发现感病后停止喷水，清除病菇，然后用0.1～0.2毫克/升农用链霉素喷雾，还可用1.5%～2.5%漂白粉混悬液喷雾消毒防止传播。③及时防治菇蚊、菇蝇和螨等。

(二)托兰氏假单胞杆菌

托兰氏假单胞杆菌也叫托拉斯假单胞杆菌。可引起平菇褐斑病、双孢菇细菌性褐斑病（又叫锈斑病或细菌性污斑病）、金针菇细菌性褐斑病等。

1. 症状与危害

(1)平菇褐斑病　该病只危害菌皮，不深入菌肉。菌盖表面生成针头大的褐色斑点，扩大为椭圆形，褐色或红褐色，边缘整齐。多个病斑可融合成不规则的大病斑。潮湿条件下，病斑表面具有一层菌被，干燥后形成菌膜。单个菌盖上可形成几十个至上百个病斑，但病菇形状正常，也不腐烂。

(2)双孢菇细菌性褐斑病　多危害菌盖，菌柄很少发病。症状与平菇褐斑病相似，一般直径可达2～4毫米，大小比较一致，边缘整齐，中间凹陷。变色部分很浅，很少超过皮下3毫米。病斑表面也有菌脓，干后为菌被。

(3)金针菇细菌性褐斑病　病斑褐色，可发生在菌盖和菌柄上，多数病斑发生在菌盖边缘。菌柄上的病斑褐色有轮纹，条件适宜时病斑迅速发展连成一片，整个菌柄变黑褐色，质软，不能直立，有黏液，最后整朵菇变黑褐色，有轻微的臭味以至腐烂。

2. 病原　褐斑病的病原菌为荧光假单胞杆菌属的托拉斯假单胞杆菌(*Pseudomonas tolaasii* Paine)，为革兰氏阴性菌。

3. 病害循环和发病条件　细菌性病原菌均可在土壤或不洁净的水中生存，喜高温高湿环境，可由培养料、水等带入菇床，特别是菌盖上有水滴或水膜时有利于病害发生。腐烂病和黄斑病的发生与菌蛆螨的活动具有正相关性。

4. 病害控制　参考荧光假单胞杆菌的相关内容。

三、病毒病及防治

病毒病

病毒病是食用菌栽培中发生较普遍的一种重要病害，可侵染双孢菇、香菇、白灵菇、平菇等。由于侵染时期、病毒浓度及发病条件等不同而表现出不同症状，而且和生理性病害表现的症状易混淆。蘑菇病毒病导致产量上的损失一般在15%左右，严重者可达95%。

1. 症状与危害　食用菌感染病毒后的症状表现包括菌丝体生长性状上的改变和子实体形态上的改变。菌丝感染病毒病表现菌丝退化、生长缓慢，菌落边缘不整齐、呈现不均匀的花斑状，抗逆能力明显下降，部分菌丝不能长菇，影响产量。感病子实体香菇菌柄肿大变成近球形或扁平、弯曲，表面凹凸不平或有瘤状凸起。菌盖呈波浪形，菌盖较小或无。菌盖和菌柄上出现明显的水渍状条纹或条斑。平菇菌丝感染病毒，症状不明显，但出菇期菇体小、皱缩、色泽变淡、失去光泽。菌盖有疣状（或隆起状）突起条纹，突起处对着光看透明。当水分、养分等条件良好时，症状表现较轻，菇体大小、色泽正常，产量基本不受影响。双孢菇、白灵菇也可出现菌柄细长的“高脚菇”、菌柄肿胀呈球形不形成菌盖的“孢状菇”或“地雷菇”、菌盖小而菌柄上粗下细的“钉头菇”、子实体僵缩的“僵菇”等多种畸形。该病容易被误认为是生理性病害症状而误诊。

2. 病原　在电子显微镜下观察到的蘑菇病毒颗粒有 5 种，分别称为蘑菇 1 号病毒、蘑菇 2 号病毒、蘑菇 3 号病毒、蘑菇 4 号病毒和蘑菇 5 号病毒。除 3 号病毒为杆状病毒外，其余为球状或多面体病毒。蘑菇 1 号病毒分布最广。

3. 传播途径　病毒是专性寄生，仅在活体内生存，通过病菇的孢子和带病毒的菌丝传入菌种，通过担孢子和菌丝的互相融合而传播，可通过昆虫口器传播。

4. 病害控制　食用菌病毒病，目前还没有有效的药物可以治疗，主要采取预防措施。①选择健康无病毒的菌种，在引种、制种过程中严格把关。有条件的可进行电镜检查，一旦发现菌种有感染病毒的可能，宁弃勿留，从源头控制病毒的危害。带毒的优质高产菌种，可采用连续高温（30℃～32℃）培养转接 2～3 次，转接时挑取菌落最外缘的菌丝，可以达到钝化和脱毒的目的。②及早摘除病菇，不让其产生带病毒的孢子，预防孢子通过气流传播病毒病，并及时防治菇蝇、菇蚊，以免传染病毒。③对发生病毒病的菇棚，要加强管理，创造良好的水分、养分、通气、光照和温度等适宜生活条件，使子实体健壮生长。④出菇期间，采摘过有病毒病菇的手和工具，在采收健康菇前，要用 0.1％高锰酸钾溶液消毒。⑤生产结束后及时清理废料，消毒场地。

四、其他病害及防治

(一)鬼　伞

1. 病原与危害　鬼伞是双孢菇、草菇、鸡腿菇等覆土栽培的食用菌菇床上常见的竞争性真菌。属鬼伞科(Coprinaceae),鬼伞属(Coprinus)。其菌丝体与栽培食用菌菌丝争夺养分和水分而导致减产。鬼伞菌分小鬼伞菌和大鬼伞菌两种,其菌丝比草菇菌丝发生早而蔓延快,在草菇出菇前先形成白色、顶端略尖的菇蕾,并很快开伞,且菌褶很快变黑,释放大量黑色孢子,伞盖随即液化并污染草菇菇体,影响食用菌的外观并容易导致其他病害的发生。

2. 防治方法　①采用新鲜的材料配制培养料,并在使用前暴晒。②如果采用巴氏灭菌杀菌,温度要达到65℃以上并保持6～8小时。③培养料经过充分堆制发酵。④发菌用的覆盖物要彻底消毒。⑤发现鬼伞杂菌及时摘除放入塑料袋中,带出菇场集中销毁,避免成熟孢子四处传播。

(二)平菇白瘤病

1. 症状与危害　平菇白瘤病发病后在菌褶中形成许多不规则的瘤块,严重时整个菌褶内都布满白色小瘤,使平菇失去商品价值。

2. 病原　由线虫引起。线虫在菌褶中产卵形成瘤块,其幼虫从瘤中孵化后钻出。

3. 病害循环和发病条件　线虫可在潮湿的富含有机质的土壤中生活,通过菇蚊、螨虫、培养料、水和栽培种传播。

4. 病害控制　①林地在使用前可喷洒2 500～3 000倍液菊酯类农药或1%氨基阿维菌素苯甲酸盐水分散粒剂2 500～3 000倍液喷雾,清除害虫。②发现线虫后及时摘除病菇就地烧毁。

(三)黏菌性病害

1. 症状与危害　黏菌可危害木耳的菌丝体和子实体,引起木耳的流耳病。菌棒被黏菌感染后菌丝体消失，菌棒变软，子实体原基腐烂，并产生臭味；病菌扩展到耳片基部时，便从耳片边缘侵入，迅速在耳片上蔓延，形成网状菌脉，耳片表面产生胶样黏性物质，颜色为乳白色、柠檬色或粉红色，最后耳片解体腐烂、呈黏液状。轻度发病会使耳片变得僵硬，无法继续生长。

危害平菇的黏菌菌落为白色，营养体生长阶段多呈羽毛状、向外扩展，一般与平菇菌丝不易区分。在平菇生长中后期黏菌迅速发展，若菇床湿度大，黏菌从培养料底层向表层扩展，在料面上出现鲜艳的橘黄色黏胶状的长丝，后迅速产生粉粒状胶质团、即进入繁殖阶段的黏菌孢子。黏菌孢子团迅速从平菇的菌柄向菇盖蔓延，逐渐把子实体全部包裹起来，致使子实体腐烂倒伏。林下平菇栽培该病较为严重。

病原菌还侵染杨树菇菌袋形成橘黄色粉粒；在林下香菇生产后期，偶尔发现侵染香菇菌棒和灵芝子实体，形成类似毛发状的咖啡色的线状孢子囊、长约 1 厘米，是香菇菌棒注水过多的指示菌，但未发现对香菇生产产生严重影响。

2. 病原　危害食用菌的黏菌多属黏菌门中的黏菌纲，引起木耳流耳病和平菇的黏菌的是绒泡黏菌（Physarum sp.），危害香菇菌棒的是发网菌属（Stemonitis sp.）。黏菌的营养体是一团裸露的原生质团、多核、无细胞壁，可做变形运动，亦称变形体，但其无性孢子具有细胞壁。

3. 病害循环和发病条件　黏菌平时主要生活在树林中阴湿的地面或树干上，特别喜欢生长在有机质丰富的阴湿场所，营腐生生活。病原菌的孢子可借气流、雨水传播。适宜的生长温度为 22℃～25℃，空气相对湿度 95％～100％，pH 值 5.5～6.5 。

4. 病害控制　①严格清除菇场的枯枝落叶和垃圾，搞好环境卫生。②历年发病严重的菇场在菌棒入地前喷洒石灰半量式波尔多液（即硫酸铜 1 千克、生石灰 0.5 千克、水 100 升）1 遍。平菇的菌棒生产在拌料时也可用石灰半量式波尔多液拌料,每50升清水加入10升波尔多液。③发病木耳棚要注意通风降湿、清除发病流耳等,并用石灰水或波尔多液涂抹病斑,或用1%~2%食盐水喷洒木耳,再用5%石灰水喷洒地面。④香菇生产要注意喷水量不能过大。

第二节　食用菌常见害虫及防治

一、黑粪蚊

黑粪蚊(*Scatopse* sp.)隶属双翅目,粪蚊科。是为害食用菌的主要害虫之一。几乎所有食用菌的菌丝和子实体都易受其为害。

(一)症状与为害

黑粪蚊以幼虫为害菇体的菌丝体及子实体。在发菌阶段,造成菌丝生长发育不良,也有退菌现象,导致培养料变黑,影响出菇。在子实体形成阶段,幼虫蛀食菇根,常常导致绝收。

(二)形态特征

成虫体长2~3毫米、体宽0.4~0.6毫米,体黑亮粗壮,头较小,复眼发达,触角粗短、由10节组成,胸部隆起,翅前缘3条脉明显、有蓝色光泽,翅端钝圆,腹部圆筒形由体节组成。雄虫尾部具向下弯的钩状突起。幼虫体长3.1~3.8毫米,头部黄褐色,体淡青褐色,腹末节有2个对称的棒状突起。

(三)发生规律

黑粪蚊常年发生,以老熟幼虫在培养料中越冬,翌年春天化蛹羽化,飞回菇房产卵为害。北方地区周年发生于3月初至11月中旬,发生高峰期在5月初至10月中旬。成虫在晴朗天气活动、交尾,喜群集。黑粪蚊成虫在15℃~35℃均能交尾产卵,但以20℃~28℃时活动最旺,成虫当天交尾当天产卵。黑粪蚊幼虫共

4 龄，喜潮湿腐烂的环境。

(四)防治方法

可采取以下方法防治：①选择适合当地种植、温度型和栽培季节相适宜的品种。②提高栽培管理技术水平，创造菇类生长的最佳环境。③搞好环境卫生。④食用菌和其他作物轮作，减少环境中的害虫基数。⑤害虫高发时，喷 4.5%高效氯氟氰菊酯水乳剂 2 500 倍液，对平菇厉眼菌蚊幼虫的防效最强，其安全期为 7 天。另外，较安全、无污染的杀虫剂可以选用 5%甲氨基阿维菌素苯甲酸盐水分散粒剂 5 000 倍液，或 70%吡虫啉干悬浮剂 10 000 倍液，或 20%烯啶虫胺水剂 3 000 倍液喷雾。以上药剂的安全期均为 9 天。

二、闽菇迟眼蕈蚊

闽菇迟眼蕈蚊(*Bradysia minpleuroti* Yang *et* Zhang)隶属于双翅目，尖眼蕈蚊科。主要发生于双孢蘑菇、凤尾菇、平菇、黑木耳、毛木耳、银耳、金针菇、香菇、茶树菇等。

(一)症状与为害

主要以幼虫取食菌丝体，造成菌丝萎缩，菇蕾枯萎。培养料面受害后发黑变松，成松散米糠状。幼虫可从子实体基部钻蛀，菌柄被蛀食常留下许多针眼大小的虫孔，然后侵害菌褶菌盖，造成原基消失、菇蕾萎缩、耳片缺刻等，并伴有难闻腥臭味，经济价值严重降低。

(二)形态特征

雄成虫暗褐色，体长 2.7～3.2 毫米，复眼有毛，胸部黑褐色，翅淡烟色，腹部暗褐色，尾器基部宽大。雌成虫体长 3.4～3.6 毫米，腹部粗大、端部细长。幼虫体乳白色，头部黑色、圆筒形，看上去类似线虫。

(三)发生规律

1 年发生 10 代左右。在华北地区以高龄幼虫和少量蛹于废袋料堆的深层越冬。3 月上中旬可见成虫,4 月上旬、5 月上旬、5 月中下旬有 3 个发生高峰。幼虫 3 月下旬至 6 月上旬连续为害平菇菌丝、培养料及子实体,以 4 月中旬至 6 月上旬为害最重。入夏之后随着春菇生产结束、高温季节到来,虫量下降。秋季虫量再度回升,但为害不及春季。成虫喜欢在畜粪、垃圾、腐殖质等潮湿地方繁殖,有趋光性,飞翔能力强。成虫交尾后翌日产卵于培养料或土缝内。成虫可携带病原菌及螨类。

(四)防治方法

可采取以下方法防治:①搞好卫生,减少虫源。②可在林内装一节能灯,在灯下放一盆水,滴上几滴 4.5%高效氯氰菊酯水乳剂夜间开灯诱杀。③发生严重时,应使用药剂防治。可选用安全杀虫剂 4.5%高效氯氰菊酯水乳剂 2 500 倍液,或 5%甲氨基阿维菌素苯甲酸盐水分散粒剂 5 000 倍液,或 70%吡虫啉干悬浮剂 10 000 倍液,或 50%灭蝇胺 4 000 倍液喷雾。以上药剂的安全期均为 7 天。

三、平菇厉眼菌蚊

平菇厉眼菌蚊(*Lycoriella pleuroti* Yang *et* Zang)属双翅目、眼菌蚊科。平菇厉眼菌蚊在食用菌场内为害鲍鱼菇、凤尾菇、杏鲍菇、金针菇、茶树菇、平菇、蘑菇、香菇、银耳和毛木耳等多种食用菌,种群数量大,为害严重。

(一)症状与为害

袋栽的菌块,幼虫多在袋内菌块浅表爬行取食,取食后留下粉尘状淡黄色粪粒。其幼虫喜食菇类菌丝体、子实体原基及含菌丝湿润的培养料,在为害菇蕾、子实体时常潜入其内蛀成孔洞,一般先从基部为害,也常在菌褶内为害,严重时,菌柄被吃成海绵状,菌盖只剩上面一层表皮，进而枯萎腐烂。

(二)形态特征

成虫体型微小，喜欢快速爬行，通体黑色，头部小，复眼很大，前缘脉和胫脉上均有大毛，足黄褐色。

(三)发生规律

在自然条件下，该虫可整年发生，独立完成生活史。幼虫喜在腐殖质丰富的潮湿环境生活，袋装的菌块幼虫多在菌袋的内壁爬行。成虫具趋光性，不取食，常在培养料、菌袋口端及子实体上爬行、交尾、产卵。成虫产卵场所多选择隐蔽和湿润的环境，卵聚产或散产在菌柄丛间的缝隙、绒毛间、菌褶间、菇根附近的覆土上、菌床表面的凹陷处及料袋内的交界缝等隐蔽场所。

(四)防治方法

厉眼菌蚊高发时，喷4.5%高效氯氟氰菊酯水乳剂2 500倍液，对其幼虫的防效最强，其安全期为7天。另外，可以选用5%甲氨基阿维菌素苯甲酸盐水分散粒剂5 000倍液，或70%吡虫啉干悬浮剂10 000倍液，或20%烯啶虫胺水剂3 000倍液喷雾。以上药剂的安全期均为9天。

四、中华新蕈蚊

中华新蕈蚊(*Neoempheria* sp.)又名大菌蚊。属于双翅目，菌蚊科。大菌蚊是杂食性昆虫，可以为害几乎所有的食用菌栽培品种。

(一)症状与为害

大菌蚊以幼虫为害，主要靠蛀食子实体的菌柄或菌盖生存。在子实体上留下许多蛀孔、较明显，且有虫粪排出。导致子实体缺乏生机，转变为黄色子实体，生长瘦弱。受害严重的菌柄被食空，菌盖下塌，影响食用价值。被该害虫为害造成的产量损失可达15%～30%，严重时绝收。

(二)形态特征

成虫体长5～6毫米，头、胸、身体均为黄褐色，触角间到头后部有1条深褐色纵带穿过单眼中间。胸部较发达、具毛。背板上有4条深褐色纵带，中间2条长、呈"V"形。前翅发达有褐斑。幼虫共4个龄期，1～3龄幼虫为无色透明，头部黑色，无足。

(三)发生规律

1年可发生多代，完成1个世代15～45天。其中3～5代发生数量多。主要在4～6月份为害，以滞育卵在平菇、香菇、灵芝或周围的垃圾、树叶或杂草中越冬。幼虫通常在培养料中取食培养粒或食用菌菌丝，有时也钻到子实体中取食，喜欢群集。该虫具有耐水性，高龄幼虫可在20℃水中存活6～9天。因而在栽培食用菌过程中喷水有利于该虫发生。大菌蚊属中温、喜湿性害虫，有明显的滞育现象。

(四)防治方法

可采取以下方法防治：①搞好环境卫生。②装上阻隔物，采用灯光诱杀的物理防治方法。③在栽培食用菌林地的周围铲除杂草，栽培一些能避虫的苦楝树、蒲公英等，可使该虫远离或不飞入此地栖息和产卵，起到驱避害虫的作用。④调整温度、湿度、酸碱度、光照和空气等生态环境，使其有利于食用菌的正常生长，满足食用菌快速生长的需要。⑤依据害虫的发生规律、生物学特性进行时间调控，以减少害虫迁移的机会。⑥取苦楝树皮、叶、果捣碎，熬成绿黄色液体过滤，滤液按原液∶水＝40∶100的浓度喷洒地面、菌袋、菇架及菇体。当虫害严重时，可直接用原液喷洒，防治效果可达85％左右。⑦将菌块晒干，让其脱水。待幼虫因脱水死亡后再将菌块浸入2％～3％石灰水中3～4小时，然后再吸水，滤去多余水分，盖膜继续培养使之出菇，这样可避免其为害。该法防治效果可达95％以上。⑧严重发生时可喷4.5％高效氯氟氰菊酯水乳剂2 500倍液，50％灭蝇胺可溶性粉剂5 000倍液，10％溴虫腈悬浮剂 4 000 倍液。以上药剂的安全间隔期为 7～10 天。

五、瘿　蚊

是一种很小的蝇类。优势种是异足菇蚋（*Heteropera pygmaen Winnrertz*）。属于双翅目，瘿蚊科。主要为害平菇、白灵菇、灵芝、双孢菇等。

（一）症状与为害

虫体携带一种能使蘑菇柄变色、产生褐色条纹，使菌褶产生很小的黑色脓包的细菌。菇床播种后立刻可受感染，减产 20%。特别是在出菇后期更为严重，能使蘑菇显著减产。另外，两菇蚊斯氏菌瘿蚊（*Mycophila speyeri* Barnes）和巴氏菌瘿蚊（*M. barnesi* Edwards）的幼虫橙黄色，经常附着在第一、第二批菇的菌盖和菌柄之间，严重影响蘑菇的商品价值。

（二）形态特征

成虫体为黄褐色，头及胸部背面灰色，体长 0.8～2 毫米，前翅透明、后翅退化为平衡棒，触角念珠状，复眼卵圆形、常常愈合，幼虫是无脚的蛆，化蛹前中胸腹面出现 1 个黑色剑骨片。体色多种多样，有橘红色、橙黄色、红色及黄白色等，幼龄幼虫虫色较红，后逐渐变成黄白色。

（三）发生规律

成虫既能产卵繁殖，亦可通过幼体生殖幼虫的方式繁殖，因此能在短时间内使虫口密度迅速增加，给生产带来巨大的为害。成虫有趋光性，对栽培食用菌有较强的趋性，常产卵于培养料内。幼虫取食食用菌菌丝或子实体，具有趋光性且好氧，常聚集于菌袋的破口处，多者成堆。幼虫喜湿，常以老熟幼虫越冬、越夏。

（四）防治方法

可采取以下方法防治：①搞好环境卫生。②选种时要求菌丝生长健壮，不老化、无污染、不带虫害。③食用菌和其他作物轮作，减少环境中的害虫基数。④可用黑光灯或节能灯诱杀或挂黏虫板诱杀。⑤生物防治手段，国内外防治菇蚋主要用寄生性线虫、蜘蛛等。据报道，每只蜘蛛每天可捕食菇瘿蚊15只左右。⑥当虫情严重发生时使用化学防治。选择药剂时要遵循安全性原则，首选0.1%鱼藤精、除虫菊酯等植物性杀虫剂，其次选用菇虫净、10%吡丙醚微乳剂、5%醚菌酯水乳剂等高效低毒性的药剂。

六、跳　虫

跳虫属昆虫纲，弹尾目。主要跳虫为紫跳虫科紫跳虫(*Hypogastrura communis* Folsom)和长角跳虫科黑角跳虫(*Entomobrya sauteri* Borner)，其中紫跳虫为害较严重。几乎所有栽培的食用菌都有发生，其中平菇、银耳、木耳受害较重。

(一)症状与为害

该虫以成虫群集为害菌柄、菌盖，造成凹点、缺刻和孔道，严重影响食用菌的商品价值。

(二)形态特征

成虫淡紫色至灰黄色，有闪光。前胸发达，弹跳器短小、不到腹尾，触角短而粗壮。

(三)发生规律

跳虫常栖息在腐败物质及较阴湿的环境中。该虫行动活泼，善于跳跃，常在培养料、子实体上迅速爬行。跳虫喜群集，几百头甚至几千头一起在菌盖上为害，受到惊扰立即跳离原处。食用菌菇床有机质丰富、湿度较高、温度适宜，非常适合跳虫生长繁殖。成虫产卵于培养料内或覆土层上，春季平均温度达15℃左右时开始活动，5～8月份高温季节为害最重。

(四)防治方法

可采取以下方法防治：①在栽培场地内放置水盆，水内滴入几滴有机硅渗透剂，可以诱集跳虫，同时将虫窒息致死。②清理场地，搞好环境卫生，降低虫口密度。③利用热带吸螨和分吸螨等"以虫治虫"。④严重发生时应用药剂进行防治。如子实体形成后发现虫害严重，可喷0.1%鱼藤精乳油150～200倍液、5%醚菌酯水乳剂3 000倍液、10%溴虫腈悬浮剂4 000倍液、40%毒死蜱水乳剂3 000倍液。以上药剂的安全间隔期为9天。

七、螨　类

螨类隶属节肢动物门(*Arthopoda*)、蛛形纲(*Arachnida*)、蜱螨亚纲(*Acari*)，主要为害种为穗螨科费氏穗螨(*Siteroptes fiechtmanni*)和粉螨科腐食酪螨(*Tyrophgus putrescentiae*)，其中腐食酪螨为害较严重。几乎所有栽培的食用菌都有发生，其中银耳、木耳受害严重。

(一)症状与为害

螨类对食用菌的为害主要表现在两个方面：一是在食用菌播种初期直接取食菌丝，常不见菌丝萌发；或在菌丝萌发后引起菇蕾萎缩死亡，造成接种后不发菌或发菌后出现"退菌"现象，导致培养料变黑腐烂。二是当出菇阶段子实体发生螨害时，大量的螨类爬上子实体，取食菌槽中的担孢子，被害部位变色或出现孔洞，形成褐色凹陷，严重影响产量与质量。

(二)形态特征

体型微小，肉眼几乎不可分辨，主要靠为害症状来发现。腐食酪螨成螨体卵圆形、白色，体上具有很多光滑的长刚毛，体背生一横沟。

(三)发生规律

1年发生多代。在空气相对湿度80%、气温23℃时，14～21天完成1代。雌、雄螨一生交配多次。在15℃～17℃时雌螨产卵期28～30天，每雌螨产卵85～100粒，卵产在子实体背面皱褶中。产卵最适温度为17℃～22℃，空气相对湿度90%～95%。空气相对湿度高于70%卵才能孵化，耐最低空气相对湿度为60%。温度达10℃时幼虫开始活动，20℃～30℃发育最快。温度较低时，它们就转移到菌床底层为害；温度较高时，就爬到菌床表面为害。当环境很干燥时，它们往往迁移到潮湿处或进入休眠状态。

(四)防治方法

1. 生态防治 栽培场地远离鸡舍、猪圈、牛棚、贮藏食品饲料和粮食的场所；彻底清扫菇棚内部及周围，减少螨虫隐藏场所；优化菌种质量，避免使用过夏的老菌种；避开秋季高温期播种；林内新旧菌袋要分开；要及时剔除死菇、残根等。

2. 物理防治 将培养料进行二次发酵，培养料上床后关闭门窗再升温使培养料温度达60℃、保持6～8小时。然后料温控制在50℃～55℃、保持5～7天冷却至25℃播上菌种。此法因料温长时间维持在50℃～60℃，有利于杀死培养料中的螨虫。除此以外还可采取菜籽饼诱杀法、糖醋诱杀法、鲜猪骨诱杀法、烟叶诱杀法等，这些方法简单易行，并能取得一定的效果。

3. 化学防治 可在菇棚四周2米以内喷洒2.5%联苯菊酯水乳剂1 500倍液，杀灭成虫或幼虫；当螨害严重时，防治可用0.5%甲氨基阿维菌素苯甲酸盐水乳剂或水分散粒剂2 000倍液，或20%丁醚脲水分散粒剂1 000倍液，或2.5%联苯菊酯水乳剂1 500倍液喷雾。这几种药既安全又环保，安全间隔期为7天。

八、蛞　蝓

蛞蝓(*Agriolimax agrestis Linnaeus*)又名鼻涕虫、软蛭等。属于软体动物门，有肺目，蛞蝓科。分布普遍，为害木耳、草菇、银耳、鸡腿菇、香菇等食用菌。

(一)症状与为害

该虫取食多种食用菌子实体，受害后留下孔洞和缺刻，尤其覆土种植鸡腿菇，蛞蝓数量非常多，减产严重。

(二)形态特征

似无壳的蜗牛。成虫长梭形,柔软、光滑而无外壳,体表暗黑色、暗灰色、黄白色或灰红色。触角 2 对、暗黑色,下边 1 对短、约 1 毫米,称前触角,有感觉作用;上边 1 对长约 4 毫米,称后触角,端部具眼。

(三)发生规律

蛞蝓喜欢阴暗潮湿的环境,尤其在林下潮湿郁闭的环境中为害重,多在夜间(晚上 20 时以后)、阴天、雨后成群爬出取食。1 年发生 1 代,以成虫、幼虫隐蔽越冬,四季均可繁殖,5～7 月份在田间大量活动为害。入夏后气温升高,活动减弱。秋季气候凉爽后又活动为害。野蛞蝓雌雄同体,异体受精。亦可同体受精繁殖。干燥环境不利于卵的孵化。

(四)防治方法

可采取以下方法防治:①搞好环境卫生,及时清除杂草及废弃物,在林地菇床周围撒上石灰粉。②利用蛞蝓夜出习性,夜间 20 时以后人工捕捉。③ 在出菇间隙,可以创造几天干燥条件,杀死蛞蝓卵。④严重发生时用化学防治。多聚乙醛对蛞蝓和蜗牛有强烈的引诱作用,用四聚乙醛、甲萘威、红糖、豆饼粉混合做成诱饵,撒在生产场地内,可以有效地防治蛞蝓。

九、蘑菇夜蛾

蘑菇夜蛾(*Diometa cremeta Butler*)又名星狄夜蛾。属鳞翅目、夜蛾科。主要为害平菇、草菇、黑木耳、毛木耳、灵芝、香菇等。

(一)症状与为害

以幼虫取食食用菌的菌丝,使菌丝不能扭结形成菇蕾。也取食子实体,并排出大量粪便,污染菇体,严重影响食用菌品质和产量。幼虫为害毛木耳,取食正面耳肉,留下背面耳表皮。为害灵芝时取食菌盖菌肉,造成弯曲隧道。为害其他食用菌时,子实体形成不规则的缺刻孔洞。严重时能导致绝收。

(二)形态特征

雄虫整体暗紫褐色,触角丝状。下唇须向上弯曲,灰黑色。前翅紫黑色有光泽,基部浅黑色,肾状纹黑色内曲呈"3"字形。头、胸、腹1～2节背面均有厚密的鳞毛丛。雌虫体暗褐色,前翅黑褐色。幼虫共有5龄,末龄幼虫体长25～30毫米,头部黑褐色,腹部呈圆筒形,节间缢缩明显,背中线暗绿色,背面纵向散布白色的扭曲线纹。腹足3对,着生于第五、第六、第十腹节,趾钩单序中列式。

(三)发生规律

该虫在1年发生5～6代,在11月份仍发现幼虫为害,10月下旬至11月上旬老熟幼虫化蛹越冬。翌年4月中旬羽化为成虫,开始繁殖后代。成虫有趋糖醋和花粉的习性。

(四)防治方法

可采取以下方法防治:①林下栽培的应铲除菇场周围的杂草,搞好环境卫生,以减少虫源。②高龄幼虫行动缓慢,又有做茧悬挂的习性,可人工捕捉及摘除,以降低虫口密度。③成虫产卵期在菇场周围悬挂赤眼蜂卵块。④每季最后1茬菇收获后应及时杀灭残留在料中的虫口,以减少下季菌菇生产的虫源。⑤当虫口密度大时,在每潮收菇后可用0.5%甲氨基阿维菌素苯甲酸盐水分散粒剂1 000倍液,或5%氟啶脲水分散粒剂2 000倍液,或20%氯虫苯甲酰胺悬浮剂3 000倍液喷雾。以上各药的安全间隔期为7天。

第三节　食用菌病虫害综合防治

食用菌病虫害的综合防治技术,本着"预防为主,综合治理"的方针,贯彻"以环境卫生为基础,栽培管理为措施,物理防治为手段，生物防治为关键，化学防治为急救措施，将病虫害控制在萌芽处”的防治策略。创造出利于食用菌生长发育和不利于食用菌病虫孳生的生态环境条件，充分发挥自然控制因素的作用，协调应用必要措施，达到经济、安全、高效的控制食用菌病虫害的目标。

一、环境卫生是预防病虫害的基础

食用菌病虫害适宜生存的场所是杂草丛生，垃圾成堆，污水成沟。建立食用菌制种场棚和林下栽培食用菌的场地，除远离公厕、厩舍、垃圾场、化工厂等场所外，还要对周围环境进行清理，填平除净，撒上一层石灰或喷10%石灰水，并喷600倍敌敌畏液，将场地彻底地杀虫灭菌，从源头上杜绝病原物和害虫的孳生。

食用菌制种前和临近栽培时，制种场棚内和林地小拱棚内须灭菌杀虫，喷石灰半量式波尔多液(硫酸铜1千克、生石灰0.5千克、水100升)和600倍敌敌畏液，喷后密闭制种场棚和养菇小拱棚5～7天，然后通风换气，随之在棚内撒石灰粉或喷10%石灰水清液，使原有残留物得以分解、以待启用。除此以外，在食用菌制种和栽培中，随时注意环境卫生，不给病虫创造孳生和繁衍的条件，做到预防为主，防重于治。

二、科学制种和栽培是预防病虫害发生的良策

食用菌制种和栽培都要一套科学的操作规程和管理技术，只要按要求操作，就能培养出性状良好、生产优质高产的食用菌。如逆向操作结果适得其反。例如，发菌阶段要求黑暗条件，却给散射光；要求低温，却给高温；要求空气相对湿度65%～85%，却给30%～40%；要求pH值6～7，却调至8～9。这样，菌丝不易萌发，即使萌发也不能健壮。又如幼菇形成阶段，无散射光、氧气和足够的湿度，仍然形不成幼菇。通俗说，食用菌与人一样，人的体质强壮就能在流感发生时安然无恙，食用菌也如此，生长健壮才能具

有高度抗病虫害的能力。为此，从选用适应性强、优质高产的良种入手，按照每一种食用菌独自的生物学特性和生长发育规律，在食用菌制种操作和栽培管理中，严格按规程操作，创造最佳的生长发育条件，定能达到种强、菇壮的目的，也就能起到预防病虫害发生的效果。

三、物理防治是“预防为主，综合治理”病虫害的手段

物理防治不易引起人们的重视，实际是从源头上控制病虫害发生的最佳手段。首先，从优选原料、辅料入手，对病虫害侵染及霉变的材料（秸秆、棉籽壳、麦麸、木屑等）坚决不用；对原、辅料使用前进行暴晒，用强光杀虫灭菌。其次，大力推广熟料栽培，因为一些病、虫特别是线虫病经过高温消毒一扫光。生料发酵栽培，必须使料堆温度达到 65℃～70℃，可将大部分病、虫杀死。除此以外，在林地安装黑光灯或高压电网灯，对有害昆虫进行诱杀和击杀。在菇棚通风口安装防虫网加以阻截，用菜籽饼诱杀螨类。在制种菌床或直播菌床上，铺几块纱布，将菜籽饼粉炒熟后放置纱布上，待螨虫闻到香味、集聚取食时，将纱布连同螨虫放入沸水一烫了之。总之，物理防治是经济、高效、安全预防病虫害的手段。

四、生物防治是无公害防治病虫害的关键

农业上利用捕食性、寄生性天敌和微生物农药以及害虫性外激素防治病虫害比较广泛，而食用菌产业发展较晚，生物防治病虫害实例尚不多，只有以生物的代谢物和提取物防治食用菌病虫害。利用 0.5％甲维盐微乳剂 1 500～2 000 倍液防治蚜螨类；利用 180～210 毫克/升链霉素防治细菌性病害，如香菇褐腐病、平菇腐烂病、平菇褐斑病、金针菇锈斑病、金针菇细菌性褐斑病和双孢菇细菌性褐斑病等；利用 280～320 毫克/升农用链霉素防治红银耳病；利用 180～220 毫克/升金霉素防治细菌性腐烂病；利用嘧啶核

苷类抗生素、井冈霉素、多抗霉素防治食用菌栽培种制种中常见的污染杂菌，如危害香菇、草菇、金针菇、双孢菇、木耳等中的绿霉、青霉和黄曲霉等真菌性病害。总之，为了解决环境污染和保证人身健康，运用生物农药防治食用菌病虫害，是开展无公害防治的关键措施。

五、合理使用化学农药是防治病虫害的急救措施

当食用菌病害猖獗成灾、用其他防治措施难以控制时，采用化学农药作为急救措施还是行之有效的，但是化学农药易造成环境污染和可能危害人身安全，只有合理使用农药，才能扬长避短。从施药时间、方法和化学农药的种类上选择与调配，既能达到防治病虫害的目的又不违背无公害防治技术的要求。

当地下害虫、菇蚊、菇蝇、线虫等猖獗时，不用化学农药不足以平息时，采取毒谷、毒饼撒布畦埂、边角、菌袋空间等场所；选择出菇间隙期间用磷化铝熏蒸杀灭害虫(用药量 1 片/米^2)，将棚膜盖严，6 小时后通风和喷洒清水，使药物全部散发，不形成残留；在出菇间歇期间可以喷洒高效、低毒、低残留的农药。按 NY/T3 93—2000《绿色食品农业使用准则》的要求，选用的农药有咪鲜胺盐锰盐、二氯异氰尿酸钠、克霉灵、优氯克霉灵，霉得克、保利多等。

综上所述，介绍的几个方面的防治方法，在操作中绝不能将各种方法简单地相加、越多越好，而是所采取的措施既要简便易行、又要发挥最佳的整体效能，更要符合病虫害综合防治的理念。从林菌生态系统出发，依据有害生物与环境的相互关系，充分发挥自然控制因素的作用，因地制宜地协调应用必要措施，将病虫害控制在萌芽阶段，获得最佳的经济、生态和社会效益。

第七章　食用菌的保鲜与加工

食用菌产品一般具有质地柔软、脆嫩、生理代谢旺盛的特点。林下种植的食用菌受自然环境因素的影响其产品更具季节性。由于生产地域、生产季节相对集中，给食用菌销售环节带来了较大压力，造成在生产旺季产品滞销而不得已降价促销；生产淡季时，食用菌价格走高，但市场又出现供给不足的尴尬局面，从而制约了林下食用菌产业的发展。食用菌保鲜与加工，可以有效地防止常温下食用菌很快变形、变色、变质等现象发生，延长产品的保质期，调控市场供给节奏，有效提高产品的商品价值，增强广大林下食用菌种植农户的积极性，壮大林下经济，扩展食用菌销售市场。

第一节　食用菌保鲜

食用菌保鲜是根据采收后的食用菌菇体仍具有生命力、且对不良环境和微生物的侵染具有抗性的原理，运用物理、化学或二者相结合的方法，抑制后熟过程，尽可能降低代谢强度，防止微生物侵害，使鲜菇在一定时期内达到不老熟、不褐变、不枯萎、不软化、不黏不腐、不液化的现象，维持其实用性和高产性。

影响食用菌保鲜的直接因子主要包括生长发育、呼吸作用、褐变及微生物。生长发育是正常生长菇体的基本特征，无论采收早晚，生长发育进程一刻也未曾停止，只是在此过程中，发展速度受环境条件制约而停滞在某个阶段；呼吸作用直接或间接地影响鲜菇的生理生化作用，最终产物是二氧化碳、水和乙醇或甲醇等，并放出热量；褐变是以酶促褐变为主，经一系列生理生化反应，最终氧化、聚合形成黑褐色物质。无氮浸出物和脂类无酶，自身氧化也会引起变色及产生异味；微生物侵染也会造成食用菌病害，引起变质腐败。因此，如何停滞生长发育进程、抑制呼吸作用、防止褐变、消除微生物侵染已成为食用菌保鲜的必要条件。

近年来，生产上适用的食用菌保鲜方法有冷藏、速冻、低温气调、辐射、化学、电磁处理等方法。现根据林下食用菌的特点及实用性，在此只将冷藏和速冻两种保鲜方法加以重点介绍。

一、冷 藏 法

冷藏法又称低温贮藏。是利用自然低温或人工降低贮藏环境温度的方法。通过抑制酶的活性来减缓食用菌鲜菇生理代谢速度，从而达到贮藏保鲜、延长鲜菇货架寿命的目的。冷藏法包含两种方式：一种是冰藏，另一种是机械冷藏。冰藏在我国北方有着悠久的历史，河北省永清县冰窖村就是因贮藏冰块而得名。此种方法简单，目前用于蔬菜保鲜、运输的比较多。机械冷藏是较为现代化的贮藏保鲜方式，广泛用于瓜果蔬菜、食用菌、肉蛋、奶、鱼及其制品、食品等方面。它不受区域、气候的限制，人工操控贮藏温度。林下食用菌生产中，低温贮藏在解决鲜菇分批上市、长期供应、规避市场风险等方面具有巨大的应用前景和广泛的应用范围。但是机械冷藏具有投资大、管理水平要求高、耗能大等缺点。生产上采用哪种方式贮藏保鲜，要依生产者各自情况而定。

（一）冰　藏

冰藏受地域气候和地上水资源的限制和制约。在华北、东北地区采用得较多，西北地区采用得较少。冰藏是利用贮藏窖和天然冰块降温，借以维持鲜菇的低温，以延长保鲜时间。其原理是：1千克冰在0℃时融化成水，需要吸收334.4千焦热量，在冰藏过程中，冰块吸收环境和鲜菇散发出来的热量而融化，在一定时间内，即可使贮藏窖维持在2℃～3℃的温度水平，以此达到保鲜的目的。

1. 冰块的采集与贮藏 采集冰块大多在寒冬进行，多利用河流、湖泊自然冻结的冰，也可进行人工集水、天然冻结的方法获取。将采集的冰块凿成易于存放的形状，运到贮藏窖或直接进入贮藏窖中贮存起来。贮藏窖一般选择在地势高燥的地方，挖深3米、长宽视贮冰量而定、坑底稍有倾斜的贮藏窖。在较低的一边挖排水沟，窖底平铺一层8～10厘米厚的碎石或者煤渣。将冰块整齐码放至离地面1.5米左右。在冰上覆盖草席，其上用稻草、木屑或碎秸秆覆盖50厘米，再覆土1米左右与地面近平齐即可。

2. 贮藏窖的建造与使用

(1)贮藏窖选址 选择距林下出菇场所较近、交通便利、地下水位低、土质厚实、地势高燥的场所。

(2)贮藏窖的结构和建造 贮藏窖一般以地下、半地下为主，长宽深一般为20米×6米×3米的长方体。短期利用的贮藏窖，四壁挖成稍向内倾斜，即窖底窄、窖顶部稍宽；永久性贮藏窖，四壁用砖砌墙。窖顶做成“人”字形屋顶，上铺70厘米厚稻草、木屑或碎秸秆，并覆土不少于50厘米。窖顶略高于地面或与地面平齐，窖门开设在北面，并采用双层设置，以减少热交换带来的损耗。

(3)贮藏窖的使用 华北地区一般在4～5月份气温对当时的林下生产的白灵菇、杏鲍菇、双孢菇、鸡腿菇等鲜菇就会有明显的影响，必须及时包装后售出，或入窖贮藏保鲜。鲜菇入窖前须在阴凉处降温，给予冷处理，以减少冰源的消耗；或者利用早晚气温低的时间，及时采摘入窖。使用前先将冰块沿窖墙四壁和地面摆放。鲜菇包装入筐或直接用聚乙烯袋包装码放，其上适量放置冰块。贮藏过程中，要经常检查保鲜效果，注意添加冰块，清除融化的冰水。

(二)机械冷藏

机械冷藏室利用房屋或库房等建筑，加装机械制冷设备，人工创造出食用菌保鲜贮藏的温、湿度等环境条件，以达到在一定时期内鲜菇保鲜的目的。

机械冷藏不受地域、季节的影响，人为地利用机械设备对贮藏库内的温度、湿度、通风条件加以控制，具有极大的优越性。但由于作为贮藏保鲜的房屋、库房在修建利用过程中，使用保温隔热材料必不可少；同时在管理过程中，降温、除湿、通风都要通过机械设备来完成，电能的消耗是较大的，尤其是在炎热的夏季。因此，机械冷藏又有耗材多、耗能大的缺点。

1. 机械制冷设备　包括冷库和一套机械设备。机械制冷设备的选择，是根据冷藏中产品本身以及呼吸放出的热量、外界环境与冷库的热交换（取决于冷藏的全密性和建材的选择）以及管理过程中人为活动和电器使用所产生的热量来配置的。制冷能力过小，则鲜菇不能迅速冷却，从而直接影响了保鲜效果；如果制冷能力过大，会造成能量浪费，增加成本。因此，需要综合以上三方面的热负荷，来确定冷库对制冷设备所需的制冷量，选择制冷设备。

2. 冷库的设计与建造　应本着设计简单、操作方便、使用高效的原则，根据生产的需要设计建造，避免不必要的重复施工而造成资金、资源的浪费。

利用闲量的房屋和库房，经过设计改造后作冷库，是生产中经常采用的方法。利用这种方法建造冷库，只需在房屋或库房中用硬质泡沫保温隔热材料，建造一个由四壁、屋顶、地面围成的长方形或正方形的小屋作为冷藏室。小屋的三面墙壁与房屋或库房的墙壁可以相连也可以不相连，但为了固定制冷系统的蒸发器，安装蒸发器的一面墙最好与房屋或库房的墙壁相连接。在小屋安装蒸发器那面墙的对面，设置进出冷藏室的门。制冷系统的机械部分安装在房屋或库房的外面。此种方法建造的库房具有投资少、建造周期短的优点，并且是“屋中建屋”，因此冷藏效果很好。

没有闲置房屋和库房条件的，可以用工业化生产的隔热保温板材，按生产的实际要求而搭建。板材的表面一般为金属材料，内层为隔热保温的工业发泡材料。冷库的制冷系统安装在露天地，蒸发器安装在正对门的那面墙上。冷库的门设置为双层，且两门交错相对，两门之间有1.5～2米缓冲间。这种冷库具有保温性好，占地面积少，可拆卸搬迁等优点。

3. 冷藏库的管理 冷藏库的作用就是利用控制温、湿度、通风等条件，有效地抑制食用菌生命代谢速率、达到保鲜而延长货架期的作用。

(1)产品预冷 是指进入冷藏库贮藏的鲜菇，保鲜之前要利用各种方法使其温度降低，尽可能降到或接近安全贮藏温度。适时采收的鲜菇，生命代谢活动十分旺盛。在生产期间，鲜菇无论是箱筐盛装，还是散堆于地面都会产生大量的热，并且堆放的时间越长产生的热量越多。有时因为鲜菇水分含量高，还会有相互粘连的现象，从而温度上升得更快更高，鲜菇的外观、品质损失更大。这时将鲜菇转移到冷库中，不仅会增加制冷系统的负荷、耗电量急增，还可能超过制冷系统安全负荷，造成由于长时间不能降低到安全贮藏温度，引起鲜菇由于代谢旺盛而达不到保鲜效果，甚至有变质腐烂的现象。因此，鲜菇采摘时，尽量选择早上或傍晚温度较低的时候采摘入库。或者采取随时采摘、随时摊晾、集中入库的方法，尽量消耗掉鲜菇进入冷库前的热量，减轻制冷系统的负荷，避免库温大的波动，达到产品预冷的作用。

(2)冷藏库的温度管理 温度是冷藏保鲜食用菌最重要的基本条件。据有关资料称，在5℃～35℃之间，温度每上升10℃呼吸强度增大3倍，而且加速微生物的繁衍。

但冷藏温度并不是越低越好。安全贮藏保鲜要依据不同品种、季节甚至不同环境生产的食用菌而确定不同的贮藏温度，超出安全贮藏温度便会有害。一般食用菌安全贮藏温度为0℃～6℃，草菇则为15℃～20℃为宜。

此外，还有3个因子直接影响冷藏温度。①鲜菇产品的码放及包装规格。入库鲜菇产品一般以箱筐包装,以利于搬运及贮藏。生产上也有用塑料袋分装保鲜冷藏的。因此,在产品的分装码放过程中,避免过冷过热的死角。尤其袋装产品,在做好产品预冷工作后注意码放得不要过于集中,最好用货架分格码放为好。②温差变化波动起伏。贮藏保鲜的鲜菇产品达到安全贮藏温度后应长时间保持该温度,不要因为管理不当造成温度忽高忽低的现象。③保证机械制冷设备正常运行。电力供应是保证制冷系统运行的先决条件,必要时配备发电设备,以备停电时使用。另外,系统运行过程中,蒸发器易凝结成霜,影响制冷效果。管理过程中,要及时注意观察冷库内的温度变化,定时开启设备除霜功能。

(3)冷藏库的湿度与通风管理　鲜菇自身含水量一般在90%左右,因此在冷藏过程中要保持在90%以上的相对湿度,才能防止鲜菇的萎蔫。保鲜管理常用的加湿方法有加湿器法、空中喷雾法和蒸汽加湿法,生产过程中视具体情节加以选择利用。

冷藏库的通风管理,主要是利用机械通风,加速气体循环排出库内高温的气体、使库内温度的均衡一致,并兼有换气的功能。

二、速冻法

速冻是近年来出现的一种应用于食用菌保鲜贮藏的新方法。经过漂烫的食用菌产品在低温条件下,温度迅速从－1℃降至－5℃,通过冰晶阶段,然后放置到低温冷库中冻藏,以达到长期保鲜贮藏的目的。

(一)速冻保鲜贮藏的原理

速冻保鲜食用菌,首先漂洗杀毒,然后进行冻藏,这样使鲜菇失去生命力,酶的活性也遭到破坏,同时微生物在冰冻状态下也无法完成繁殖生长活动,从而使食用菌产品得以保鲜贮藏。

漂洗杀毒不仅中止了鲜菇子实体的生命活动,而且使酶的活性遭到破坏。大多数酶的适宜活动温度在30℃～40℃,当温度上升至80℃～90℃时，几乎所有酶的活动都受到了破坏。因为过氧化酶的耐热性较高，生产上一般以过氧化酶的活性被破坏程度作为漂烫所需时间的依据。通常是将食用菌鲜菇经过6～8分钟漂烫来作为杀灭酶的指标。

漂烫杀毒后并不是所有酶都丧失了活性，还需要低温贮藏。一般而言，酶的活性随着温度降低其活性也随之降低。只有温度下降至－18℃以下时，酶的活性才会受到很大的抑制。

微生物的生长繁殖都有一定的温度范围，温度越低微生物的活性越弱。当温度低于微生物最低生长点时，微生物即停止生长且伴有死亡现象。随着温度的进一步下降，微生物死亡速度加快，但低温下要比高温下其死亡速度要明显慢很多。此外，低温对微生物的影响还与冰冻介质、降温速度以及介质中的水分、pH值有关。

(二)速冻保鲜贮藏的方法

1. 鼓风冷冻法 又形象地称为隧道式鼓风冷冻法。即在一个长方形、墙壁用保温隔热材料做成的隧道式空间内，将需加工的食用菌产品摆放在其中的设施上，用温度－35℃～－30℃的冷风，以3～5米/秒的速度，穿流于产品之间，使其迅速冰冻。隧道内摆放食用菌的设施可以是分层设置的浅盘托架，也可以是连续运转的带状传送装置。此种方法投资较少，简单易操作。缺点是食用菌产品失水较快。

2. 流化床冷冻法 是将食用菌产品均匀铺放在具有网眼的网带上或带孔的浅盘内，将冷空气以足够的速度从网带或浅盘的下面向上吹送，以使食用菌产品悬浮在冷气之中，达到迅速冻结。在此过程中，掌握食用菌产品的铺放厚度、冷空气的温度及流速是关键技术。一般铺放厚度不超过10厘米、冷空气的温度为－35℃～－30℃，流速为6～8米/秒。这种方法具有热传递效率高，冻结速度快，产品失水少的优点。

3. 浸渍冷冻法 浸渍冷冻法是将食用菌产品经过预处理并用塑料袋等容器包装后直接侵入冷冻液中进行冻结的方法。冷冻液即是在氯化钙溶液、食盐水和丙二醇等不冻液中,通入冷却管冷却获得。这种冷冻法,冷冻液直接与食用菌产品接触,且接触面积大、传播速率高、冻结速度快,且连续操作性强,适于机械化操作。

(三)食用菌产品速冻加工

食用菌速冻产品,因其快速冻结,深冷冻保鲜贮藏,极大程度保持了鲜菇的营养与风味,前景非常广阔。现以速冻平菇为例,将速冻加工流程及方法加以简介。

1. 加工流程

精选原料→护色→漂洗→分级→漂烫杀毒→冷却→二次精选→冻结→挂冰衣→包装冷藏

2. 加工方法

(1)精选原料 平菇的品种很多。选择菇形圆润、完整且具有本品种特征的健康菇片进行加工。菇片为菇盖直径在3～6厘米、菇柄长度不大于1厘米的单个子实体。从生的平菇品种经手工掰分,加工成以上标准的个体。精选过程中,剔除畸形菇、机械损伤菇、开伞菇。菇柄切削要整齐,无空心变色。

(2)护色 适时采收的平菇,由于生命代谢活动仍十分旺盛,很容易萎缩、变色、变质,造成产品质量下降。一般采收后3小时内未能及时速冻加工,就需要进行护色处理。方法是用0.25%亚硫酸钠溶液浸泡10分钟,沥干装入保鲜袋。这种方法处理的平菇,可以在20℃条件下保鲜1周左右。或先用0.01焦亚硫酸钠漂洗菇片3～5分钟,再用0.1%焦亚硫酸钠浸泡30分钟,沥干装入保鲜袋,可在20℃条件下,保鲜4～5天。但当贮藏温度升高至30℃以上时,仅保鲜1天,之后随时间推移,菇片逐渐变色。护色兼有漂白作用,国际上许多国家抵制进口。我国也不提倡使用。对于鸡腿菇、草菇、高温平菇等保质期极短的鲜菇,建议有选择地使用。

(3)漂洗　由于亚硫酸盐在护色上的应用，菇片残留着二氧化硫检出成分，需用流动的清水漂洗脱硫，达到国家标准值范围(二氧化硫残留量≤0.002%)。因此，在护色过程中，针对每种食用菌加工产品在护色过程中使用亚硫酸盐的剂量和浸渍时间，要不断探索掌握。

(4)分级　主要是按菇片大小进行分类，以便后续加工及销售。分级的标准可自行设定，亦可根据售出目的地要求进行。一般是以菇盖大小进行分级。分级可与前面所讲的护色、漂洗同步进行，以缩短菇片在空气中暴露的时间，影响加工进度及效果。

(5)漂烫　可用大型不锈钢锅或铝锅，加入不超过容积 2/3 的清水。或自行修砌漂烫池，通入蒸汽加热漂烫，每次漂烫菇片量不超过水量的 10%。为了提高漂烫质量，可向水中添加适量的柠檬酸，始终将锅中水的 pH 值调控在 3.5～4，煮沸 2～3 分钟。

为了保证平菇原有风味，漂烫之后立即用冷水冷却，使菇片温度速降至 10℃以下，沥干水分。冷却水可用流水或者加冰冷水。

(6)精选　经过以上工序的加工，菇片可能会出现变质、破碎、污染现象。精选的目的就是进一步拣除修整变形菇、破碎菇等不合规格的劣等菇，使之经过后序的工序即可形成合格的商品。

(7)冻结　将精选的菇片单层码放在用于冻结的托盘中，或单层码放到流化床式冷冻机的网带上传送到机体内，在－35℃～－25℃的温度下进行冻结。冻结时间为 30～45 分钟，冻结中心温度应达到－18℃。

(8)挂冰衣　即在冻结处理后的菇体表面结一层薄冰，以隔绝空气，保持品质，防止干缩变色，延长贮存时间。方法是：将已冻结的平菇分离冷冻机的出料口，用竹篓、不锈钢筐或者塑料筐盛装，每筐不超过 2 千克，浸入水中 2～5 秒钟后立即提出，菇片很快形成一层透明的薄冰。连续操作时，注意添加清水，以使水温保持在

2℃～5℃，保证"挂冰衣"的质量。

(9)包装冷藏　包装目的是完成产品的商品性状，便于运输和贮藏。包装与挂冰衣同时进行。在低温车间，按商品销售目的地的要求规格，用无菌塑料袋包装，一般有0.5千克、2.5千克两种规格。随后再装入双层瓦楞纸箱，每箱10千克，密封后迅速进入低温冷藏库内贮藏。低温冷藏库温度应稳定在－18℃，空气相对湿度在95％～100％范围内，贮藏期一般可达12～18个月。

第二节　食用菌加工

随着人们生活水平的日益改善与提高，对食用菌的保健、防病、治病认识也在不断加深。从简单的食用菌风味食品、调味品、饮料和化妆品，发展到食用菌活性成分的分离、提取和深层发酵及其产品加工。可以说，食用菌产品已深入到我们生活的方方面面。食用菌加工，是满足人们对食用菌产品更深层需要的途径。

食用菌加工，按是否改变子实体形态结构分为初级加工和深加工。食用菌初级加工，其子实体外貌特征、形态和结构并没有发生改变，从加工产品的表面形状、特征上还能够识别出食用菌的种类。初级加工包括盐渍、干制和罐藏。食用菌深加工，在其加工过程中改变了食用菌自身的形态和结构特征，不能直接从加工产品形态、特征上识别出原有的菌类特征。如食用菌风味食品、饮料等。

由于本书是针对林下食用菌进行生产、销售、加工的论述，直接受益的是广大菇农，所以这里仅对食用菌的初级加工给予阐述。

一、食用菌盐渍技术

盐渍是我国人民保藏食品的一种传统方法。食用菌盐渍加工，方法简便易行，成本低，效果好。林下食用菌生产季节性强，有明显的采收高峰期。当鲜菇市场出现饱和,单纯保鲜贮藏不足以解决市场矛盾时,将鲜菇盐渍加工成盐水菇,有利于解决食用菌生产的淡旺季问题、调剂市场,而且盐水菇还有广阔的海外市场。

(一)盐渍原理

食用菌盐渍加工,是将鲜菇经过预煮(杀青)后再将其放入高浓度的食盐溶液中,利用食盐产生的高渗透压来增加菇体细胞膜的渗透性,终止细胞生物变化,抑制微生物的生存,最大限度地保留菇体的营养价值和商品价值,达到食用菌久藏不腐的目的。

据资料显示,6%食盐水溶液能抑制腐败细菌(如肉毒梭菌)的繁殖;9%食盐水溶液中只有乳酸菌和酵母菌能繁殖;12%食盐水溶液使乳酸菌也不能活动;当食盐水溶液大于15%时,细菌和大部分真菌停止生长繁殖;大于25%时只有个别酵母菌还可以活动。

食盐水溶液具有很高的渗透压。1%食盐水溶液渗透压为0.618兆帕,10%食盐水溶液可高达6.38兆帕。盐渍加工食用菌产品盐水浓度为15%～20%甚至更高,具有超过12兆帕的渗透压。而细菌和真菌细胞的渗透压仅为0.35～1.76兆帕,致使微生物不但不能从盐渍产品中获得养分生殖繁衍,反而因为自身细胞水分的反渗透造成"生理干旱"现象,不能活动甚至死亡。

盐渍加工的食用菌产品,除与盐液浓度关系密切外,还与盐渍加工时的温度、盐液pH值、食盐、水质有着很大影响。

1. 温度　气温高,微生物活力强、繁殖快,相比较而言,食盐的防腐力下降,只有调高盐液的浓度,才能有效抑制食用菌及其他微生物的代谢活动。温度低时,微生物活力弱、繁殖慢,食盐的防腐力则相应增强,盐的浓度可低些。

2. pH 值　食盐水的pH值对食盐的防腐力影响很大。资料显示,当pH值为7时,防止霉菌繁殖要20%食盐浓度,防止酵母菌活动需要25%食盐浓度;当pH值为2.5时,14%的食盐水即可抑制酵母菌生长发育。因此,在盐渍食用菌产品时,盐液中适当加入一定量的柠檬酸,可增加防腐能力。

3. 对食盐的要求　食盐质量的优劣对盐渍食用菌产品的质量影响也很大。食盐中含有过量的镁离子会使食用菌盐渍产品发苦;过量的钙离子会导致食用菌盐渍产品质地粗硬,表面产生斑痕,影响外观。因此,盐渍食用菌产品最好用精盐。生产上,为了节约成本,也可将粗盐放锅中,加热使之溶于水中取用;或者在锅内炒热排潮碾碎后加以利用,才能均匀附着菇体、保证盐渍效果。

4. 水质　盐渍食用菌产品,生产用水必须达到生活饮用水标准。水质透明、澄清、无悬浮物、无异臭味、无致病菌、无耐熟性微生物及寄生虫卵,不含对人体健康有害的物质。尤其以硬度为285.6～535.5毫克/升(以碳酸钙计)的水为好,它能保持盐渍食用菌产品的硬度和弹性。

(二)盐渍加工流程

所有生产于林下的食用菌都可以进行盐渍。目前,国内外市场上食用菌盐渍商品主要有双孢菇、平菇、滑子菇、猴头、金针菇和真姬菇等,各种食用菌盐渍方法大同小异。工艺流程:

采收分级处理→清洗护色→漂烫(杀青)→冷却→盐渍→装桶→成品

1. 采收分级处理　用于盐渍加工的食用菌必须适时采收。采收前不喷水,采收时轻摘轻放,尽量保持菇体完整。剔除畸形菇、感病菇。并针对不同菇种采取不同处理方法,如双孢菇要切去菇柄,平菇要掰分成单个菇片等。

菇体分级不但是满足客户要求的需要,也是生产的要求。大小分级可以更好地保证杀青质量,节省时间,节约能源。

2. 清洗、护色　采收的鲜菇,通过清洗,洗除菇体表面的泥沙及表层污秽物。为了防止鲜菇的氧化与褐变,利用1%的盐水清洗。对于双孢菇、金针菇类的食用菌,还要浸入0.02%～0.05%

焦亚硫酸钠或0.1%柠檬酸溶液漂白护色10分钟，再用清水冲洗3～4次。

3. 漂烫(杀青) 其作用是：驱除鲜菇组织中的空气，破坏氧化酶的活性，防止氧化变色；破坏细胞膜结构，增加细胞透性，利于盐分渗入；鲜菇的水分溢出，组织软化，体积缩小，增加塑性。

漂烫宜选用铝锅或不锈钢锅，锅内水煮沸，再将洗净的菇体放入水中，并不断上下轻轻翻动，使菇体杀青均匀。当菇体呈现沉入锅底、牙咬脆而不黏、剖开为黄色时，即达到杀青效果。配制10%盐水的杀青液或加放0.1%柠檬酸进行杀青，可以提高菇体品质。

4. 冷却 目的是终止热处理。冷却不透，菇体在热效应下，促使颜色、风味、质地遭到破坏。特别是盐渍，会使温度上升，蛋白质变性腐败，影响食用菌的质量。冷却的方法是：将漂烫（杀青）后的菇体立即在流动的冷水中冷却，冷透后沥干水分，以备盐渍。

5. 盐渍 盐渍之前先要配制饱和食盐水。将充分冷却的菇体放入饱和食盐水中，1～2天后由于盐分进入菇体，盐渍液的浓度下降，这时应及时倒缸。将菇体从盐渍液浓度低的缸中转到盐渍液是22～24波美度的饱和食盐水中，如此反复。约经1周后菇体内的盐浓度达到22波美度，即可装桶销售。

生产上为了简化操作，常常省去转缸环节，利用每天检查盐渍液浓度，发现浓度降低及时补盐的办法，直到盐渍液浓度不再下降为止。用这种方法盐渍食用菌，必须在每次加盐时充分搅拌翻动，以使盐液浓度均匀一致，并且排除掉不良气体。

在盐渍过程中，注意用竹箅、盖板等物将菇体压入盐渍液中，以免暴露于空气当中，发生变黑甚至腐烂现象。

为了检查盐渍品的质量，可以捞取少量盐渍菇，放入22～24波美度的饱和食盐水中。如果上浮，说明菇体未达到22波美度，还需继续盐渍；如果菇体下沉，证明盐渍产品达到腌制质量。

6. 配制调酸饱和盐水 99份饱和食盐水中加1份调酸剂（配

方为偏磷酸55%、柠檬酸40%、明矾5%)。调酸饱和盐水浓度达到22波美度,pH值为3.5。

装桶时,为起到保护作用,先倒入少量调酸饱和盐水,然后倒入规定质量的盐渍菇体,用调酸饱和盐水将桶注满。压下内盖,使菇体浸入盐液中,旋紧外盖,贴上标签库存出售。

(三)盐渍加工实例(盐渍平菇)

1. 原料采收、清洗 选取新鲜、完整、无病虫、无变质的菇体为加工盐渍平菇的原料,丛生的掰成单个菇,并切除老化菇柄。用清水洗净,沥干水分备用。当天采的菇当天加工,不过夜、不堆压,以防变质。

2. 预煮杀青 为了方便平菇的后熟作业,清洗后及时预煮杀青。方法是用不锈钢锅或铝锅盛装浓度为10%左右的盐水烧沸杀青。每100升盐水中最多一次放入40千克的鲜菇,以免煮的时间过长且生熟不均。视菇体大小不同,一般在煮沸后再煮5～10分钟,菇体煮透并沉入水中,牙咬脆而不黏、熟而不烂时即可出锅。杀青水可以连续使用,不足时随时添加。一般每100千克鲜菇杀青后可得85～90千克湿菇。

杀青后的菇体立即投入流动的清水中迅速冷却。菇体全部沉入水中可作为煮透的标志。

3. 盐渍 将饱和食盐水(浓度22～24波美度)倒入缸中,加入杀青后的菇体,用竹箅、盖板等物将菇体压入盐渍液中。每天测定盐水浓度,如果盐水的比重低于22波美度,需添加精盐,上下翻动搅拌均匀,使盐液浓度始终保持在20波美度。此法一般经过7天左右即可盐渍成功。

另一种方法是按每100千克湿平菇拌盐25千克的比例,先在缸底放一层厚2～3厘米的盐,铺放一层厚7厘米的菇体,然后再一层盐一层菇铺至满缸为止,最后在上面再撒一层厚2～3厘米的盐。向缸内倒入饱和食盐水,使菇体全部浸入盐水内。同时,加入已配好的调酸剂(配方为偏磷酸 55%、柠檬酸 40%、明矾 5%),使饱和食盐水 pH 值达 3.5 左右。盐渍 15 天左右即可装桶销售。

4. 调酸、装桶 盐渍好的平菇,从缸中捞出,沥干水分。配制好调酸饱和盐水,使调酸饱和盐水浓度达到 22 波美度、pH 值为 3.5。

装桶时,先倒入少量调酸饱和盐水,后倒入规定质量的盐渍菇体,用调酸饱和盐水将桶注满。压下内盖,使菇体浸入盐液中,旋紧外盖,贴上标签库存出售。

二、食用菌干制技术

食用菌的干制技术又称烘干、脱水加工。是指在不影响食用菌品质和营养的前提下,利用自然或人工创造的热源,脱去食用菌中大部分水分的加工过程。

(一)干制原理

食用菌干制,可以避免因鲜品营养丰富、含水量高,而极易遭微生物入侵甚至腐败变质,最终失去食用价值的现象。干制的食用菌,其含水量降至 13%以下,细胞活性下降,并且提高了菇体可溶性物质浓度,使微生物难以利用;同时,干制也使食用菌体内酶的活性受到抑制,使干制产品得以长期保存。

1. 食用菌中水分的构成 食用菌鲜品含水量一般在 85%～95%,其体内的水分按照存在形式分为游离水、结合水和化合水。

(1)游离水 以游离状态存在于食用菌体内的水分,是食用菌体内水分的主要存在状态,可占食用菌总含水量的 60%左右。这部分水分可借助毛细管向内、向外运动,流动性大,在干燥时易被脱掉。

(2)结合水 这是与食用菌细胞内的亲水胶体相结合的水,因被胶体束缚,不能自由运动。一般情况下,结合水在干燥时不易蒸发,只有在游离水蒸发完后结合水才会部分排出。结合水一般很难被微生物利用。

(3)化合水　参与构建食用菌组织结构的水分极为稳定,干制时很难脱掉,也不能被微生物利用。

2. 食用菌的脱水机制　食用菌干制过程中脱去的水分,由游离水和部分结合水组成。根据水分散失动力,可以分为水汽压脱水和温度差脱水。

(1)水汽压脱水　当食用菌菇体的环境温度开始升高,菇体表面升温,菇体表面的水分逐渐被蒸发到周围环境中,菇体表面的水分减少,水汽压即下降,当菇体表面的水汽压低于菇体内部水汽压时,菇体内部的水分向表层移动,且表层失水越多内外的水汽压就越大、水分移动的速度越快。反之,菇体内外的水汽压越小,水分移动的速度越慢,菇体单位时间内散失的水分越少。

(2)温度差脱水　菇体内外的温度差异,是促使菇体水分蒸发的另一动力。菇体受外部热源的作用温度上升,菇体表面的水分散失速度随之增加。由于蒸发产生吸热现象,使得菇体表面降温,形成一个菇体内外的温度差,水分借助温度差,沿传热方向向外移动,实现菇体脱水。

但是,如果空气温度过高,会造成菇体表面汽化速度超过内部水分向外扩散速度,表面易干结成硬壳,反而阻碍内部水分继续蒸发,同时也降低了品质。

3. 影响食用菌干制的因素

(1)温、湿度　食用菌干制都是以空气为传热介质,与空气的温、湿度相互影响,密切相关。当空气温度越高,在相对湿度饱和前,能够携带的水蒸气越多,从而利于脱水。反之,温度下降,达到空气相对湿度饱和时所需的水蒸气随之减少,干制速度降低。因而提高温度、排风除湿是提高干制速度的有效途径。

但是干制时温度不能过高。在高温下,菇体内部水分来不及移动到菇体表面,菇表易结成硬壳甚至焦化,菇体内部营养成分也易分解。高温还有可能影响酶的正常催化作用，直接影响干制产品的外观、品质，进而降低商品价值。

一般情况下，食用菌干制时，空气温度应先低后高。干燥前期应选择在30℃～40℃，后期逐渐上升至60℃左右为宜，最高不超过65℃。

（2）空气的流动速度　流动的空气能及时带走菇体表面附近的饱和空气，有利于菇体水分的蒸发，加快干制速度。资料显示，风速在3米/秒以下时，菇体水分的蒸发与风速成正比。但当风速过大时，虽然干制速度加大，但又损失了更多的热。因此，生产上常在人工干燥机上采用回收装置，以提高热效率。

（3）大气压　随着压力的下降，水的沸点降低。根据水的这个自然属性，生产上发明了减压干燥法，又称真空干燥法。实现了常温下脱水，提高了干制菇品质量。

（4）原料　食用菌干制过程中，菇体的品种、大小、质地和采摘时的含水量直接与干制速度有关。此外，在一定环境范围内，原料的装载量、摊摆厚度对干制速度也具有较大影响，生产上应灵活掌握。

（二）干制方法

食用菌干制是一种传统的干燥贮藏方法。但不是所有的菌类产品都适宜干制加工。香菇、双孢菇、猴头菇、毛木耳、黑木耳、灵芝等菌类，经过干制加工，其风味、适口性明显增加。但有些菇类，如平菇、草菇、金针菇等，干制加工后风味和适口性下降。有些菇，如榆黄菇则不宜干制加工。

食用菌干制方法按热源可以分为自然干制法和人工干制法。

1. 自然干制法　是利用阳光、风吹等自然条件使菌类鲜品干燥的一种方法。虽然方法传统，但具有投资少、设备简单、操作简便、节能环保等优点。然而此法干制菌类周期长、效率低，易受自然条件制约，如长时间遭受阴雨，菇体容易腐烂霉变。

2. 人工干制法　是人为地控制干燥条件和干燥时间进行菌

类鲜品的干制。与自然干制法相比，不受自然气候条件的限制。人为主动创造干燥条件，干燥周期短，加工规模大、数量多，并且还具有操作机械化程度高等优点。

人工干制法的形式多种多样，按操作的机械化程度，将其分成以下几种方法。

(1)*烘房干燥法*　是利用热源通过烟道、火炕等形式对菌类干制环境加温，进行菌类鲜品的干制。烘房的面积可大可小，建造材料可繁可简，一般根据食用菌的产量和加工需要而定。

烘房一般建造成长方形，加热炉设在烘房一端中间位置，热烟气通过在烘房地面开设的烟道(1 条或者多条)直达烘房的另一端，再由两侧的墙壁回到加热炉所在一端，并通过在此设置的烟囱排出。烟道为一条倾斜的沟槽，近炉端低，远炉端则高。沟槽状的烟道上方，以铁皮覆盖，并用泥封严，以防烟火进入烘房，影响干菇品质。烘房内设置多层的烘烤架，供放置干制菌类鲜品的烘筛摆放使用。

烘烤架最底层的烘筛到铁皮的距离至少 50 厘米。在烘房屋顶设排气筒，烘房近地面处保留通气筒，以利于通风排湿。

(2)*干燥机干燥法*　是通过利用各种样式的干燥机，达到对菌类鲜品进行干燥的目的。根据热源的不同，干燥机有烟道气供热干燥机、蒸汽供热干燥机和热水循环供热式干燥机。

干燥机由供热系统、风运系统、承载设备和干燥房组成。干制过程中，供热系统利用烟道气、蒸汽、热水等热源，通过热交换器对干燥室的空气进行加热，随后风运系统将热空气直接吹向承载设备上等待干制的菌类产品，进行干制加工。

市场上常见的干燥机有 SHB-30 型食用菌干燥机、YHN-1 型远红外线干燥机、FIS-1400 型干燥机等。

(3)*其他干燥法*

①*冷冻干燥法*　冷冻干燥法是将食用菌鲜品先经过低温冻

结，然后在真空条件下升华脱水，从而获得干燥的食用菌干制产品。冷冻干燥法生产的食用菌类产品，其色、香、味、形和营养俱全，是一种优良的加工新技术。但在生产过程中，除需要速冻条件外，还要具备真空条件，因此生产成本较高。

②膨化干燥法　是将食用菌鲜品放入膨化锅内，密闭并增加压力。当达到一定压力时，突然降压，菇体内所含水分即会爆出。膨化干燥法干制的菇品不但能够保持原有菇体的质地和风味，而且还能保持更高的维生素含量，且此法比常规干燥方法节能40%。

③微波干燥法　是指利用一定波长、频率的微波干制菌类鲜品方法。据资料显示，近年来的微波干燥技术已应用于食用菌干制生产。

(三)干制工艺

1. 自然干制　将适时采收的菌类鲜品，依次摊摆在竹制或苇编的晒席上，菌盖向上，菌褶向下(银耳鲜品耳片向上)。不要重叠，以免压扁菇形，以利于晾晒。有条件的最好将晒席铺放在床架上，以利于席下通风，缩短干制时间。干制过程中，白天晾晒，夜间连同晒席搬至室内。随着菌类鲜品的干缩，适时并席，节约晾晒面积，2～3天后着重晾晒菌褶、菌座，干燥后及时收藏。

2. 人工干制

(1)采收整理　对加工的食用菌要适时采收，选用新鲜健康、质量好的食用菌进行加工，并根据不同菌种干制的要求不同，进行相应的整理。如去老根、切菇柄，掰分成单位菇体等。

(2)鲜菇摆放　首先将鲜菇按厚薄、大小、干湿等进行分类，最后按菇体自然生长的状态摆放到烘筛上。一般据热源近的，应摆放个体大而较湿的菇体。个体薄的、小的，湿度小的则置于热源的远处。

(3)预热　鲜菇进入烘房干制前先要进行预热，以防由于加工鲜菇的大量进入,使烘房温度下降很多,不利于干制。一般烘房预热的温度达到45℃左右即可。

(4)烘烤干制　经过预热的烘房,装载鲜菇后。温度不低于35℃,即达到了预热的效果,一般烘烤温床从35℃开始。

循序增温。进入烘烤阶段后烘房以每小时增加1℃～2℃,进行逐步升温为宜。一般经过12小时左右,菇体散失水分能达到50%左右,之后每小时升温增加2℃～3℃,直至温度上升至60℃～65℃。

及时控温。当温度上升到最高限度时,应及时调整温度,使之下降至55℃,继续烘烤2～3小时即可完成干制过程。

通风换气。在整个干制过程中,要不断调整通风口和排风口的开启程度,保证通风换气,以利鲜菇脱水,缩短干制时间。同时,要利用回收装置,充分利用余热,达到节能和提高干制质量的作用。

(四)干制实例

木耳的干制,无论是毛木耳、黑木耳,还是榆耳,其干制品在品质风味和营养上均无变化,且保藏时间可达3年以上。因此,木耳在市场上销售大多是干制品,鲜品出售占极少部分。

1. 采收　正常生长的木耳,平片内卷,腹面光洁鲜亮,肥嫩。成熟时,耳片平展,腹面颜色加深,并产生粉末状孢子。为保证木耳的产量和品质,应在耳片腹面产生粉末状孢子前进行适时采摘。成熟的木耳产生大量的粉末状孢子影响干制品质量和外观,成熟后期的木耳不但干制后质量下降,而且遇到高温时还会产生流耳并腐烂。采收的前1天要停止喷水,以降低木耳的含水量。

2. 干制　可选用自然晒干或人工烘干。

(1)自然晒干　利用阳光照射,使木耳失水干燥的一种干燥方式。方法是将适时采收的木耳整朵(或分成单个耳片)均匀地摊放到晒席上进行晾晒,昼晒夜收,直至木耳耳柄干透、耳片发脆,方告干制成功，密封包装贮藏。如果遇到阴雨天，可以将鲜木耳和干木耳按 1∶2 比例混合，用干耳吸收鲜耳中的水分，起到应急处理的作用。但在采收数量大、连续阴雨天气时，还应配合人工烘干加以干制。

(2)人工烘干　林下种植木耳的规模较大、且生产季节阴雨天气较频繁的地区，应考虑在自然晒干的基础上，加大人工烘干的力度和比重，确保增产增收。

生产上，主要利用烘房或干燥机进行人工干制木耳。但无论运用哪种方法，都应注意以下两点：①温度。烘干木耳时，温度要缓慢升高。从 35℃开始，烘干温度经 4 小时达到 40℃；继续升温烘干，但最高温度应控制在 60℃以下，干制 4～5 小时；之后降温至 45℃左右，直至烘干。②通风。木耳鲜耳的含水量较大，尤其在高温、高湿的夏季。因此，在烘干鲜耳时，干燥室内大量的水汽要通过通风设备及时排出。如果温度高而通风不良，木耳则产生不规则收缩变形，影响外观质量。

3. 包装贮藏　干制的木耳用塑料袋包装，有条件的还可以采用真空包装，密封后置于阴凉干燥处贮藏。

三、食用菌罐藏技术

食用菌罐藏技术，在我国发展于 20 世纪 50 年代，是一种在室温下得以长期保存的加工方法。食用菌罐头具有方便、卫生和营养丰富的特点。因此，食用菌罐藏在当前食用菌加工中占有重要的位置。

(一)罐藏原理

食用菌罐藏是将食用菌鲜菇经过高温处理，将绝大多数微生物杀死，破坏菇体内酶的活性，之后密封于容器中，防止外界微生物再次侵入，达到长期保藏食用菌的一种加工方法。

高温处理是利用高温杀死在罐藏中引起食用菌腐败的菌类，

同时又要最大限度地保存食用菌色、香、味、形和营养成分。高温灭菌受以下因子的影响。

1. 食用菌原料上的有害菌　食用菌原料从采收到罐藏前，可能遭受大量的有害菌侵袭。这些有害菌的数量越少，耐热程度越低。高温处理时间越短，温度越低。反之，则需要提高温度，延长高温时间才能达到灭菌效果。但长时间的高温又会降低罐藏食品的品质。因此，原料菇在罐藏前，加工处理要迅速，各环节要卫生，以减少污染。

2. 罐头的pH值　有机酸、植物杀菌素能降低有害菌的抗热性，并能渗入其体内，造成细胞死亡。因此，生产上常添加柠檬酸或含酸多的原料，调低罐头汤汁的 pH 值，以此来抑制有害菌的生长繁殖，并可缩短杀菌时间、降低灭菌温度。生产上对 pH 值小于 4.5 的罐头只采用常压沸水灭菌 10～30 分钟。含酸少的采用高温灭菌。

3. 罐头的传热速率　在食用菌罐头杀菌过程中，存在着传导和对流两种传热方式。传导明显比对流传热速率低。罐头食用菌是固液混装，因此汤汁多的罐头比汤汁少的罐头传热快、灭菌时间短，罐头容量小的比容量大的传热快、所需灭菌时间短。

4. 灭菌温度　食用菌罐头的灭菌包括升温、保温和冷却 3 个阶段，且是高温短时灭菌。因此，提高罐头灭菌时的初温尤其重要。及时装罐封口、提高汤汁温度，可以实现提高罐头灭菌的初温，从而提高杀菌效果。

灭菌后的罐头应立即冷却，以终止高温对菇体的进一步作用。冷却时间过长，食用菌罐头的色泽、风味和营养成分也会遭到破坏。

(二)罐藏工艺

1. 罐藏工艺流程

原料采收→护色漂洗→分级漂烫(杀青)→冷却修整→装罐注

汁→排气密封→杀菌→冷却→保温培养→贮存

2. 技术要点

(1)原料采收　将准备进行罐加工的鲜菇适时采收,淘汰病菇、污染菇、破碎菇等不合格加工材料。

(2)护色、漂洗　将验收合格的鲜菇材料进行切除菌柄、去老根、掰分成单个菇等简单加工后立即投入硫代硫酸钠溶液中。一方面洗去杂质和泥沙,另一方面浸泡护色(浸泡过程中不可使菇体露出液面)。

经过护色过程后将鲜菇材料捞出,用流动的清水漂洗30～45分钟,除尽残留在菇体上的护色液。

护色兼有短时期保鲜和漂白作用,一般应用于双孢菇、金针菇较多,其他菌类产品罐藏加工时只用清水漂洗除杂。

(3)分级、漂烫(杀青)　分级是将菇体按个体大小、菇盖厚度、质量轻重分开,其主要目的是保证杀毒均匀一致,避免菇体成熟度不一,产生夹生菇、熟烂菇,影响杀青效果。鲜菇分级后应及时漂烫,达到熟而不烂即可。

(4)冷却修整　杀青后的菇体立即投入流动的冷水中,彻底冷透,捞出沥干水分。将菇盖开伞、脱柄、掉盖、破损的菇体淘汰或做其他加工处理。

(5)装罐、注汁　食用菌罐头一般选用铁罐和玻璃罐盛装。清洗、消毒是罐装前必要的程序。铁罐要用蒸汽消毒,玻璃罐用沸水消毒即可。

鲜菇罐头的汤汁用食盐、柠檬和水配制,食盐、柠檬的浓度分别是2%～3%和0.05%～0.1%,汤汁过滤备用。

罐装分为手工罐装和机械化罐装。机械化罐装准确、均匀、操作简便、清洁卫生,是目前普遍采用的生产方式。

(6)排气密封　作用是除去罐头内菇体和汤汁内所含的空气,延长贮藏时间,在杀菌时排气密封后的罐头不易破裂或跳盖;保持了一定的真空度，抑制好气性微生物的生长，避免罐头变质变色，保证营养不被破坏；使罐头保持一种液面下凹的特征，利于消费者选用。

罐藏加工采用排气的方法有3种：一是菇体原料预热，趁热装罐，趁热密封；二是菇体原料装罐注汁后加热排气后封盖；三是采用真空封罐机封盖。

不论铁罐还是玻璃罐，排气后均采用封罐机密封。

(7)杀菌　杀死罐藏食用菌中的致病、致腐病菌，破坏酶的活性，达到长期贮藏不变质。

食用菌罐头多采用高压杀菌，即将封盖的罐头放入高压灭菌锅内加压灭菌。灭菌过程分为升温、保温和降温3个阶段，每个阶段保持时间长短和压力的大小，依罐型规格的不同而定。

(8)冷却　杀菌的降温阶段即是冷却的开始。为了保持菌类食品的风味与营养品质，冷却的速度越快越好。然而冷却速度过快，罐头易爆裂或变形。为了快速冷却，又不使罐内外压力差骤然增大而出现变形、爆罐现象，在停止蒸汽加热杀菌并用介质冷却的时候，继续对高压灭菌进行加压(即反压)，从而达到快速冷却的目的。

(9)保温培养　杀菌冷却的食用菌罐头，冷却后的温度不要过低，以40℃为宜。擦净每个罐头上的水分，在35℃～37℃条件下保温培养5～7天，检查有无胀罐现象。如有胀罐，查明原因，以利改正；如果没有，说明杀菌彻底，产品可以运入库中贮藏或销售。

(三)罐藏加工实例(平菇罐头)

将平菇制成罐头比盐渍、干制加工产品能更好地保持其固有的风味。

1. 原料选择　适用于罐藏加工的平菇品种应具有菇盖平整、肥厚，菇柄中生或近中生，且应在菇盖尚未充分展开前采摘，才能形成质量高的原材料。

2. 漂洗、修整 采收的平菇，按菇盖大小、色泽、成熟程度分级，用清水漂洗10～15分钟，去除泥土和杂质。成丛的要分成单个菇体，除去过长菇柄，保留1～1.5厘米。

3. 预煮冷却 用夹层锅或铝锅预煮平菇5～7分钟，以破坏酶的活性，软化组织，稳定菇色，增加韧性，便于装罐加工。预煮后的平菇迅速用流动的冷水冷却，沥干水分备用。

4. 汤汁配制 汤汁的配方很多，主要是以食盐、预煮时的菇汤、味精、维生素C等搭配而成，生产上可根据加工的需要灵活配制。单纯选用2.5%食盐水作汤汁，汤汁清澈、外观好。

5. 装罐注液 用装罐机标定罐装。汤汁预热至80℃再装罐，利于排气、封罐。

6. 排气、封罐 封罐有排气密封和真空密封两种方法。排气封罐时，罐头的中心温度须保持在75℃～80℃；真空密封须抽真空度达46.67千帕下才能进行操作，目前生产上普遍使用手控封罐机或电动封罐机。

7. 杀菌、冷却 封罐后及时采用高压蒸汽杀菌，即把封罐后的罐头放入高压杀菌锅内，通入蒸汽升温，并在15分钟内使锅内温度上升至121℃。控制蒸汽通入量以维持121℃的温度，杀菌20分钟后排气降温，使温度在15分钟内下降至50℃以下。

8. 检验、出厂 杀菌后的罐头先要进行初检，对胖听、浅水、带杂质的要进行重新加工。其余的罐头在培养室35℃～37℃条件下进行保温培养5～7天，感观检查有无胀罐现象，并且每批次还应抽样检查理化指标，合格后喷码贴标、包装出厂。

参考文献

[1] 胡清秀．优质食用菌生产实用技术手册．中国农业科学技术出版社,2005,8.

[2] 胡清秀．食用菌病虫害危害分析与防治关键控制点．中国农学通报,2008,24(12):601-604.

[3] 张法来．速生林下拱棚双孢菇种植技术．食用菌,2009(10):183-184.

[4] 谷颜泽．林下双孢蘑菇高产栽培技术．农技服务,2007,24(12),29-30.

[5] 薛永三,赵桂云．白灵菇的生物学特性及其栽培技术．牡丹江师范学院学报(自然科学版),2006(4):7-8.

[6] 陈秀炳．杨树菇的特性及人工栽培技术研究[J]. 现代农村科技,2005(11):21-22.

[7] 陈方美,赖建强．杨树菇袋栽技术及病虫害防治[J]. 中国食用菌,2003,20(2):43-44.

[8] 黄志华,黄黎红．杨树菇的特性与栽培技术研究[J]. 三明师专学报,1999(1):35-38.

[9] 李国成,李元钦,王景辉,等．杨树菇栽培技术[J]. 福建农业科技,1999(4):41-42.

[10] 杨国良,陈惠．灰树花与杨树菇生产全书[M]. 北京:中国农业出版社,2004.

[11] 张东闻,陈运芬．林下种植食用菌的病虫害防治技术[J]. 农家参谋,2009(9):14.

[12] 孙立娟．食用菌害虫种类调查及防治技术研究[D]. 西北农林科技大学硕士学位论文,2008.

[13] 刘传会．平菇厉眼菌蚊生物学特性及综合防治研究[D]. 华中农业大学硕士学位论文,2004.

[14] 江佳佳,李朝品．我国食用菌螨类及其防治方法[J]. 热带病与寄生虫学,2005,3(4):250-252.

[15] 张晓云,张陶,弓力伟,等．我国食用菌虫害物理防治与生物防治研究现状[J]中国食用菌, 2007,26(1):10-12.

[16] 曾宪顺．食用菌害虫发生和防治的特殊性[J]. 中国食用菌,1992,11(5):17-18.

[17] 陶佳喜．大菌蚊的生物学特性及其防治对策[J]. 湖北农业科学,2005(3):67-69.

[18] 刘贵巧．食用菌菇蚋的特性及综合防治技术研究[J]. 北方园艺,2006(1):109-110.

[19] 冀宏,韩韬,霍红．食用菌虫害的发生和防治[J]. 食用菌,2006(6):45-47.

[20] 吴晓军,胡玲．食用菌虫害系统控制技术[J]. 四川农业科技,2000.

[21] 刘明俊,等．计算机控制原理与技术,国防科技大学出版社,1999, 6.

[22] 赵燕东,精准节水灌溉控制技术,电子工业出版社,2010,01.

[23] 申进文,等．春季香菇高效栽培技术,河南科学技术出版社,2006,06.

[24] 潘崇环,等．食用菌优质高效栽培指南,中国农业出版社,2000,09.

[25] 吕作舟,等．食用菌无害化栽培与加工,化学工业出版社,2008,05.

[26] 张金霞,等．无公害食用菌安全生产手册,中国农业出版社,2008,01.